AF525252

HILARY KEARNEY
DIE BIENENKÖNIGIN
Was jeder Hobbyimker wissen muss
Wie man sie findet –
mit 48 Suchbildern
Haupt
NATUR

Die englischsprachige Originalausgabe erschien 2019 in den USA bei Storey Publishing unter dem Titel
Queen Spotting, Meet the remarkable queen bee and discover the drama at the heart of the hive.

210 MASS MoCA Way

North Adams, MA 01247

storey.com

Illustrationen Seite 6 und 7: © Jamie Clarke Type

Fotos auf dem Umschlag: Vorderseite: © Hilary Kearney, Rückseite: © Tosca Radigonda

Fotos im Innenteil: © Hilary Kearney; ausgenommen © Tosca Radigonda Seite ii, 1, 3, 4, 10, 11 (Mitte und unten), 12–14, 15 (oben und Mitte), 16 (oben und Mitte), 24, 31 (oben), 32, 54, 76, 95, 106, 119, 121 (oben), 122 (oben), 128, 129; © Antagain/iStock.com Seite 25, 60, 61 (unten rechts), 64 (links), 65 (oben), 70 (unten links und rechts), 71 (unten rechts), 78 (oben), 80, 103, 120; © Avalon/Photoshot License/Alamy Stock Photo Seite 89; © Cam Buker Seite 17, 70 (oben links und rechts), 71 (rechts); © Frank Greenaway/Getty Images Seite 9 (eingesetzt), 109 (unten); © imageBROKER/Alamy Stock Photo Seite 108; © Konstantin Gushcha/Alamy Stock Photo Seite 97; © Sara Annette Everett Seite 73, 92, 93 (links); © temmuz can arsiray/iStock.com Seite 87; © Tim O'Neil Seite 64 (Mitte und rechts), 78 (unten), 79; © Vera Kuttelvaserova/Adobe Stock Seite 36

Die verzierten Initialen wurden verwendet mit Erlaubnis der St. Bride Library und von Ian Mortimer
(I. M. Imprimit) Seite 19, 55, 107

© Grafiken: Hilary Kearney Seite 121 und Ilona T. Sherratt Seite 42

© Text: Hilary Kearney, 2019

Aus dem Englischen übersetzt von Franz Leipold, D-Violau

Redaktion der deutschsprachigen Ausgabe: Helene Weinold, D-Violau

Satz der deutschsprachigen Ausgabe: Die Werkstatt Medien-Produktion GmbH, D-Göttingen

Printed in China

Um lange Transportwege zu vermeiden, hätten wir dieses Buch gerne in Europa gedruckt. Bei Lizenzausgaben wie diesem Buch entscheidet jedoch der Originalverlag über den Druckort. Der Haupt Verlag kompensiert mit einem freiwilligen Beitrag zum Klimaschutz die durch den Transport verursachten CO_2-Emissionen und Papier aus nachhaltigen Quellen.

Diese Publikation ist in der Deutschen Nationalbibliografie verzeichnet. Mehr Informationen dazu finden Sie unter http://dnb.dnb.de

ISBN: 978-3-258-08171-7

www.haupt.ch

Der Haupt Verlag wird vom Bundesamt für Kultur mit einem Strukturbeitrag für die Jahre 2016-2020 unterstützt.

Für meine Freunde und meine Familie!
Es tut mir leid wegen all der Bienenstiche.
Ihr wisst, wer gemeint ist.
Herzlichen Dank, dass ihr dabei cool geblieben seid.

INHALT

EINLEITUNG: Faszination Bienenkönigin 6

WIE SIE DIESES BUCH BENUTZEN 9

WARUM DIE KÖNIGIN SUCHEN? 10

Im Honigbienenstock 19

Der Geist des Stocks 20
Die Wabe 23
Die Arbeiterin 27
Die Königin 33
Der Drohn 37
Nahrungssuche 41
Vom Nektar zum Honig 43
Lebenszyklus 49

Das Leben der Bienenkönigin 55

In Wartestellung 56
Auf Leben und Tod 57
Auf Wohnungssuche 62
Nachschwärme 67
Der Gesang der Königin: tüten und quaken 68
Die eingesperrte Königin 69
Überzählige Königinnen 72
Hochzeitsflug 76
Eine gewaltige Aufgabe 81
Umweiseln 86
Eine Königin zusetzen 94
Königinnen züchten 99

Wie man die Bienenkönigin erkennt 107

Physische Merkmale 108
Muster und Verhalten 113
Was ist wo im Stock? 116
Verstecke 117
Weitere Strategien, um die Königin zu finden 118
Die Königin versteckt sich 121

SUCHBILDER – WO IST DIE BIENENKÖNIGIN?

Erklärung zu den Suchbildern 32

LEICHT Suchbilder 1–4: nach Seite 32
Suchbilder 5–8: nach Seite 48

MITTEL Suchbilder 9–12: nach Seite 48
Suchbilder 13–20: nach Seite 64
Suchbilder 21–30: nach Seite 80

SCHWER Suchbilder 31–42: nach Seite 96
Suchbilder 43–48: nach Seite 112

GEFUNDEN! – Auflösung der Suchbilder 122

GLOSSAR 126
REGISTER 127

Faszination Bienenkönigin

GANZ GLEICH, WIE OFT ICH DIE KÖNIGIN ENTDECKE: Die Suche verschafft mir nach wie vor einen kleinen Nervenkitzel und ein Gefühl tiefer Befriedigung. Obwohl ich beinahe jeden Tag in einem Imkerschutzanzug herumlaufe und Bienenstöcke öffne, bin ich immer wieder überrascht, dass die Faszination, die ich bei ihrem Anblick verspüre, trotz der vielen Wiederholungen nicht abnimmt. Sie ist die einzige Biene in ihrer Kaste, das herausragende Mitglied des gesamten Bienenvolkes.

Dennoch ist jede Bienenkönigin einzigartig – und zwar nicht nur in ihrer Erscheinung, sondern auch in ihrem Verhalten. Sie kann eine schlanke Gestalt und Tigerstreifen aufweisen oder dick und goldfarben sein. Sie kann sich mit einer erstaunlichen Geschwindigkeit vorwärts bewegen, bis sie unter einem Pulk von Arbeiterinnen begraben ist, oder sich im Freien zur Schau stellen. Mir gefällt es, diese kleinen Schauspielerinnen zu beobachten, und häufig trödle ich mit meiner Arbeit, wenn sie sich ihrem Publikum präsentieren. Ich bin mir niemals sicher, ob sie einfach nur ein Sonnenbad nehmen oder sich im Glanz meiner Bewunderung sonnen.

Auf der Arbeit dieser einzelnen Biene – der Königin – beruht nicht nur ein gesamter Bienenstock, sondern sie hat auch meine persönliche Karriere möglich gemacht. Die Mutter aller Bienen im Stock legt unermüdlich Eier, um ihr Volk am Leben zu erhalten. Sie ist der Kristallisationspunkt meiner Zuwendung, und der Grund dafür, dass ich meiner Arbeit nachgehen kann.

Die Haltung und Zucht von Bienen ermöglichen mir wundervolle Erlebnisse, von denen sich viele Menschen nach ihrer Kindheit verabschiedet haben. An den meisten Tagen klebe ich voller Honig, meine Kleidung ist schmutzig, ich bin umgeben von Insekten und für jedes Abenteuer bereit. Wenn ich mich gerade nicht um meine Bienenstöcke kümmere, halte ich Kurse über Bienenzucht, veranstalte Touren und schütze wild lebende Völker von Honigbienen. Ein großer Teil meiner Aufgabe besteht darin, mein Wissen mit anderen auf eine Art und Weise zu teilen, die Spaß macht und einen schnellen Zugang ermöglicht. Ich hoffe, dass meine Leserinnen und Leser von den Bienen bald ebenso verzaubert sind, wie ich es bin.

Die tiefe Wertschätzung für Bienen und die Faszination, die von ihnen ausgeht, haben mich veranlasst, Bienenhaltung zu meinem Beruf zu machen. Bienen lassen mich immer wieder staunen. Sobald ich damit begonnen hatte, mehr über sie zu lernen, konnte ich nicht mehr aufhören.

Am Anfang stand dabei ein Buch. Ich habe neugierig die Seiten überflogen, ohne mir jedoch ein bestimmtes Ziel zu setzen. Ich habe nicht geplant, Imkerin zu werden, aber je tiefer ich in das erwähnte Buch und damit in die Welt der Bienen vorgedrungen bin, desto mehr haben sie mich mit ihrer Komplexität in Erstaunen versetzt, bis ich völlig verwandelt war. Ich war eine Kunststudentin mit einer Vorliebe für Vintage-Kleidung, und plötzlich saß ich wie hypnotisiert vor einem Bienenstock aus Altholz, den mein Vater für mich gezimmert hatte, während ein milder Luftzug aus Flügelschlägen mein Gesicht streifte.

In diesem ersten Sommer habe ich illegale Bienenstöcke in meinem Garten aufgestellt. Unsere Behörden hatten damals Bienenzucht in der Stadt noch nicht gestattet, aber das konnte mich nicht aufhalten. Meine mit Farbe bespritzte Kleidung bekam nun Propolis-Flecken ab, und ich bildete mich durch Fachliteratur weiter. In meinem Bürojob huschte ich zwischen E-Mails und Foren für Bienenzucht hin und her. In meinen Mittagspausen fing ich Bienenschwärme ein. Meine Liebe zu den Bienen füllte mich völlig aus.

Alles, was ich über diese Insekten lerne, überrascht und fasziniert mich – auch heute noch. Sie sind Baumeister, Tänzer, Mathematiker und Akrobaten. Von ihren Tänzen bis zum Kampf auf Leben und Tod haben sie niemals aufgehört, mich zu verblüffen.

Im Zentrum von all dem befindet sich eine einzelne Biene – die Königin. Es ist kein Wunder, dass sie mich in ihren Bann geschlagen hat.

WIE SIE DIESES BUCH BENUTZEN

Sie müssen keine Bienen halten, um an diesem Buch Freude zu haben, aber wenn Sie Imker sind, werden Sie es sowohl praktisch als auch unterhaltsam finden. Auf den folgenden Seiten wird Ihnen mehrmals eine Aufgabe gestellt: Sie sollen die Bienenkönigin finden. Wer dies noch niemals versucht hat, erfährt im Kapitel „Wie man die Bienenkönigin erkennt" (siehe Seite 107), worauf er achten muss. Selbst wenn die Königin verborgen bleibt, so finden Sie im gesamten Buch detaillierte Fotos, die einen faszinierenden Einblick in die Welt der Bienen gewähren, und einige meiner verrücktesten Erlebnisse.

Neue und erfahrene Imker werden von diesen Aufgaben begeistert sein, und auch Einsteiger werden ihre Fertigkeiten in Bezug auf die Bienenhaltung verbessern. Die Königin im Bienenstock zu lokalisieren ist etwas, das jeder Imker zu einem bestimmten Zeitpunkt tun muss, vor allem, wenn er die alte Königin ersetzen möchte. Dennoch kämpfen noch immer viele damit, „Ihre Majestät" zu erkennen. In diesem Buch erhalten Sie viele hilfreiche Tipps, wie Sie die Bienenkönigin finden, und Sie bekommen die Gelegenheit, es in die Praxis umzusetzen, ohne jemals einen Bienenstock zu öffnen!

Kinder lieben es, „die Suche nach der Königin" zu spielen, und sie bringen es darin zu wahrer Meisterschaft. Ich bin mir nicht sicher, ob es an der Ähnlichkeit zu „Wo ist Walter?" (einer Kinderbuchreihe mit Wimmelbildern) liegt oder daran, dass ihr kindliches Gehirn noch so aufnahmefähig ist, aber wundern Sie sich nicht, wenn Ihr Kind Sie übertrifft. Ich kann mir keine ansprechendere Art vorstellen, wie man Kindern die Bedeutung von Bienen und ihrer Königin nahebringen kann.

In jedem Suchbild verbirgt sich eine Bienenkönigin. Je weiter Sie im Buch vorankommen, desto schwieriger wird die Aufgabe und desto stärker sind Ihre Fähigkeiten gefordert, sie zu finden.

WARUM DIE KÖNIGIN SUCHEN?

WÄHREND EINER ALLTÄGLICHEN KONTROLLE ist es für einen Imker nicht notwendig, die Bienenkönigin zu finden. Es macht Spaß und ist nützlich, sie zu erkennen, wenn man zufällig auf sie stößt, aber für gewöhnlich reicht es als Hinweis auf ihre Anwesenheit im Bienenstock aus, wenn Eier und junge Larven vorhanden sind. Dennoch gibt es einige Situationen, in denen es notwendig ist, die Königin zu suchen; dazu zählt beispielsweise das Einsetzen einer neuen Königin, wenn im Bienenstock Schwarmzellen auftreten oder wenn sich ein neues Volk abspaltet.

… WEIL MAN EINE NEUE KÖNIGIN EINSETZEN MUSS

Der häufigste Grund, warum ein Imker eine Bienenkönigin finden muss, ist der Einsatz einer neuen Königin in seinem Bienenstock. Dabei ist es erforderlich, dass er mindestens zweimal die Bienenkönigin lokalisiert: Als Erstes muss der Imker die alte Bienenkönigin entdecken und aus dem Stock entfernen und anschließend muss er sicherstellen, dass die neue Königin vom Bienenvolk akzeptiert wird. Wenn die alte Bienenkönigin nicht entfernt wird, verhalten sich die Arbeiterinnen weiterhin ihr gegenüber loyal und töten die neu eingesetzte Königin.

Selbst wenn die alte Königin aus dem Stock entfernt wurde, kann das Einsetzen der neuen Königin immer noch misslingen. Arbeiterinnen bevorzugen eine Königin, die genetisch mit ihnen verwandt ist; deshalb versuchen sie mitunter, Ersatzköniginnen heranzuziehen, anstatt die Königin anzunehmen, die ihnen der Imker präsentiert hat. Dies trifft besonders in solchen Fällen zu, in denen die neue Königin aus einer anderen Zucht stammt als der Rest des Bienenstocks. Beispielsweise ist es nicht sehr wahrscheinlich, dass ein Bienenvolk aus Russland eine Königin akzeptiert, die aus Italien stammt.

Manchmal töten die Arbeiterinnen die neue Königin auf der Stelle. Es kann aber auch vorkommen, dass sie die neue Königin hinterlistigerweise so lange am Leben lassen, bis die neuen Königinnen aus ihren Zellen schlüpfen. Deshalb muss ein Imker alle möglichen Nachschaffungszellen zerstören und die neue Königin auch physisch lokalisieren, um sicher zu sein, dass sie vom Bienenvolk angenommen wird.

... WEIL MAN SCHWARMZELLEN FINDET

Ein Imker sollte auch dann die Königin lokalisieren, wenn er auf Schwarmzellen stößt. Sobald am Rand des Bienenstocks Königinnenzellen (Weiselzellen) angelegt werden, bedeutet das in der Regel, dass die Bienen in nächster Zeit beabsichtigen zu schwärmen. Viele Imker möchten das Schwarmverhalten unterdrücken oder kontrollieren, da sie weder eine gute Königin verlieren möchten noch all den Honig, den die Bienen mitnehmen, wenn sie den Stock verlassen und ausschwärmen.

Das Schwärmen lässt sich sehr leicht kontrollieren, wenn man es rechtzeitig bemerkt, und zwar zu einem Zeitpunkt, an dem die Weiselzellen noch geschlossen sind. Weiselzellen sehen aus wie eine kleine Eichel. Sie sind kurz und können ein Ei, eine junge Larve oder auch gar nichts enthalten. Wenn die Larve heranwächst, verlängern die Arbeiterinnen die Zelle nach unten und verschließen sie letztendlich mit einem Deckel, womit sie eine Königinnenzelle kreieren, sobald die Larve bereit ist, sich zu verpuppen.

Wenn günstiges Wetter herrscht, verlässt die alte Königin mit dem Schwarm den Stock, lange nachdem die Weiselzellen gebaut wurden, aber bevor die neuen Königinnen schlüpfen. Es kann schwierig werden, den Schwarm zu stoppen, sobald er erst einmal unterwegs ist, aber wenn nur Weiselzellen gefunden werden, kann der Imker ziemlich zuversichtlich sein, dass noch keine Königin geschlüpft ist.

Häufig zwicke ich neu gebaute Weiselzellen während meiner Inspektionen ab und gebe dann leere Rähmchen zum Brutraum hinzu, sodass die Arbeiterinnen damit beschäftigt sind, neue Waben anzulegen. Wenn ich jedoch auf eine weiter entwickelte Weiselzelle stoße, passe ich auf, sie nicht zu zerstören, ehe ich meine alte Königin gefunden habe. Selbst Eier reichen mitunter nicht aus, um ihre Anwesenheit zu bestätigen. Sie könnte sie schon vor einem Tag gelegt und dann den Stock verlassen haben. Die Königin muss gefunden werden, bevor irgendeine Aktion gestartet wird.

Wenn ein Imker die Weiselzellen entfernt und die Königin hat bereits mit dem Schwarm den Stock verlassen, dann hat er nicht nur das Schwärmen nicht verhindern können, sondern das restliche Bienenvolk mit hoher Wahrscheinlichkeit auch noch seiner Königin beraubt. Wenn der Schwarmvorgang bereits zu weit fortgeschritten ist, empfiehlt es sich in der Regel, das Bienenvolk die Sache selbst in Ordnung bringen zu lassen: Man sollte nicht versuchen, selbst einzugreifen, besonders wenn man die Königin nicht finden konnte.

… WEIL MAN EINEN BIENENSTOCK TEILT, UM EIN NEUES VOLK ZU GRÜNDEN

Wenn sich ein Imker dazu entschließt, ein neues Bienenvolk zu etablieren, ist es äußerst hilfreich, die Königin zu finden. Diese neuen Völker, die man als Ableger bezeichnet, werden aus einem einzigen großen Volk gebildet. Der

Imker trennt eine gewisse Menge des Bienenvolkes im Stock ab, um daraus ein neues Volk – oder manchmal auch mehrere Völker – zu gewinnen.

Die meisten Imker bevorzugen es, die alte Königin im Mutterstock zu belassen und für die Ableger neue Königinnen zu nehmen. Bei dieser Methode kann es jedoch passieren, dass der Imker, wenn er die alte Königin nicht finden kann, versehentlich zwei Königinnen in einem Stock einsetzt – ein Fehler, der immer mit dem Tod der neu eingesetzten, eingesperrten Königin endet.

… WEIL MAN EINEN BEOBACHTUNGSBIENENSTOCK BEFÜLLT

Häufig nehme ich Rähmchen aus meinen anderen Bienenkästen, um meinen Beobachtungsbienenstock damit zu füllen. Dies ist eine mit Fenstern versehene Kiste, die so konstruiert ist, dass sie ein oder zwei Rähmchen aufnehmen kann. Ich nehme sie auf Reisen mit und zeige sie interessiertem Publikum. Auch dabei ist es nützlich, dass man in der Lage ist, die Königin zu entdecken, denn entweder möchte man sie in seinem Beobachtungsbienenstock zeigen oder man achtet speziell darauf, die Königin nicht mitzunehmen, um nicht zu riskieren, dass sie verletzt wird.

… WEIL MAN HONIG ERNTEN MÖCHTE

Wenn Sie kein Absperrgitter verwenden, um Brut- und Honigraum zu trennen, können Sie nicht sicher sagen, wo sich die Königin aufhält. Sie kann sich in den Honigräumen befinden (der Bereich des Bienenstocks, in dem Honigvorräte gelagert werden). Wenn Sie vorhaben, Honig zu ernten, müssen Sie in der Lage sein, die Königin zu finden; nur dadurch können Sie sichergehen, dass Sie sie nicht verletzten, während Sie die Bienen aus den Honigwaben entfernen – und Sie möchten die Königin bestimmt nicht als blinden Passagier im Honigraum.

...WEIL MAN BIENEN AUS DEM STOCK ENTNEHMEN MÖCHTE

Die Königin lokalisieren zu können ist eine besonders nützliche Fähigkeit, wenn man Bienen aus dem Stock entfernen möchte. Der von der Königin ausgesendete Duft spielt eine entscheidende Rolle bei diesem Prozess. Sobald Sie die Königin in Ihren Bienenkasten umgesetzt haben, werden die Arbeiterinnen ihr folgen. Ich liebe es, die Arbeiterinnen dabei zu beobachten, wie sie aufgeregt hinter der Königin in den Kasten marschieren. Sie hasten in kleinen Gruppen auf den Eingang des Kastens zu und fächern dabei mit den Flügeln, um das anlockend wirkende Pheromon auf dem Weg zu verteilen – ein Anblick, an dem ich mich in besonderem Maß erfreue, denn es bedeutet, dass ich die Bienen nicht mühsam aus dem Bienenstock schaufeln oder auf andere Weise daraus entfernen muss.

Wenn Sie die Königin gefunden und erfolgreich umgesetzt haben, stellt dies sicher, dass die Arbeiterinnen, die Sie bereits in den Kasten gebracht haben, auch an Ort und Stelle verbleiben. Wenn Sie die Königin nicht in Ihrem Bienenkasten haben, ist es wahrscheinlich, dass die Arbeiterinnen ihn wieder verlassen, um die Königin zu suchen. Bei mehreren Gelegenheiten habe ich den Großteil des Bienenvolkes in meinen Bienenkasten umgesetzt und anschließend den Schauplatz verlassen in der Annahme, die Königin wäre unter den Bienen gewesen. Als ich später bei Anbruch der Dämmerung zurückkehrte, um die Bienen in eines meiner Bienenhäuser zu bringen, musste ich feststellen, dass alle Arbeiterinnen den Bienenkasten verlassen hatten und in ihren ursprünglichen Stock zurückgekehrt waren, in dem die Königin zurückgeblieben sein musste. Diese frustrierende Entdeckung bedeutet normalerweise, dass ich die Umsetzung am nächsten Morgen erneut angehen muss.

Verständigung mit Duftsignalen

AN DER SPITZE des Hinterleibs (Abdomens) jeder Arbeiterin – mit Ausnahme der Bienenkönigin – sitzt die Nassanoff-Drüse. Wenn man sie offenlegt, erscheint sie optisch wie eine feine Unterbrechung der Körperzeichnung der Biene, eine hellbraun glänzende Ausbuchtung inmitten der Streifen.

Das Pheromon, das in dieser Drüse produziert wird, duftet so stark nach Zitronengras, dass es mitunter auch eine menschliche Nase wahrnehmen kann. Die Bienen setzen es als Orientierungs- und Organisationshilfe für andere Stockbienen ein, das heißt als Lockstoff, um einen Ort zu markieren, den weitere Bienen aufsuchen sollen.

Arbeiterinnen, die das Nassanoff-Pheromon produzieren, werden häufig am Einflugloch des Bienenstocks angetroffen, wobei sie ihr Hinterende in die Höhe recken und mit den Flügeln schlagen. Während eines Orientierungsfluges leiten sie mit dem Duft neue Sammelbienen an, die zum ersten Mal ihre Umgebung kennenlernen. Die Pheromone helfen diesen, den Eingang zu ihrem Stock zu finden.

Dieses Verhalten kann auch beobachtet werden, wenn die Bienen zu schwärmen beginnen. Ein neu gelandeter Schwarm produziert reichlich Nassanoff-Pheromon, um die Traube zu ordnen. Imker benutzen eine Imitation dieses Duftes (synthetische Mischungen dieses Pheromons oder Zitronengrasöl), um Bienenschwärme in ihre leeren Stöcke anzulocken.

IM HONIGBIENEN-STOCK

AUCH WENN ES IN EINEM BIENENSTOCK Tausende von Honigbienen gibt, bilden sie aufgrund ihrer sozialen Organisation und Zusammenarbeit einen Superorganismus. Wie die Neuronen in einem Gehirn ist jede einzelne Biene Teil eines größeren Gebildes: des Bienenstaates oder Bienenvolkes (Bien). Das komplexe Sozialgefüge gründet sich auf Arbeiterin, Drohn und Königin. Zusammen erfüllen sie alle Funktionen, die für das Überleben des Bienenvolkes notwendig sind.

Jede Biene hat unterschiedliche Aufgaben zu bewältigen. Einige sammeln Futter ein, während andere das Nest bauen. Innerhalb des Bienenstocks übernimmt die Königin die Fortpflanzung – sie ist dazu in der Lage, jeden Tag eine so große Menge Eier zu legen, die ihrem Körpergewicht entspricht.

Keine Biene kann allein außerhalb des Volkes überleben, nicht einmal die Königin. Wenn man die Königin aus der Gruppe der sie umsorgenden Arbeiterinnen entfernt, würde sie innerhalb von Stunden sterben. Die Arbeiterinnen und auch die Drohnen müssten zugrunde gehen, sobald man sie aussondert. Sie sind auf eine Masse von Körpern angewiesen, die ihnen Wärme, Schutz und Nahrung sichern.

Jenseits der Grenzen dieser pragmatischen Beschreibung gibt es jedoch noch etwas anderes: den Geist bzw. das Bewusstsein des Bienenstocks.

DER

Geist des Stocks

WENN MAN SICH MIT DEN GEHEIMNISSEN der Honigbienen näher beschäftigt, stößt man oft auf Erstaunliches; so spüre ich häufig die intuitive Eingebung, ein bestimmtes Bienenvolk zu überprüfen, und komme dann gerade noch rechtzeitig, um festzustellen, dass meine Bienen von Ameisen angegriffen werden oder dass sie einen weiteren Honigraum in ihrem Stock benötigen. Haben mir die Bienen eine mentale Botschaft geschickt? Wer kann das sagen? Jedenfalls fühle ich in meinem Inneren, dass etwas Magisches die Bienen umgibt.

Selbst wenn ich auf einem Vortrag nur davon berichte, was wir mit Bestimmtheit über Bienen *wissen*, werfen mir meine Zuhörer nach und nach immer ungläubigere Blicke zu – und wer glaubt dann erst, dass Bienen Bomben erschnüffeln oder Krebs entdecken können. Es scheint, als entwickeln sie sogar selbst eine Persönlichkeit, denn manche Bienen bevorzugen gefährlichere Arbeitsaufgaben als andere.

Individuelle Honigbienen sind keine stumpfsinnigen Arbeiterinnen, die eine allmächtige Königin bedienen, sondern vielmehr eine komplexe Gesellschaft von Individuen. Sie haben ausgefeilte Erinnerungen, die es ihnen ermöglichen, anderen etwas mitzuteilen und voneinander zu lernen. Sie haben unterschiedliche Methoden der Kommunikation und sind in der Lage, als Kollektiv Entscheidungen zu treffen. Vermutlich operieren sie auf einer höheren Ebene als der Rest von uns: als eine Einheit kollektiven Bewusstseins.

Diese frisch gebaute Wabe enthält bereits Tropfen von Honig.

DIE Wabe

ZUSAMMEN BILDEN DIE BIENEN eine Traube um eine der am meisten bewunderten architektonischen Leistungen auf der Erde: die Wabe. Sie sieht aus, als würde sie mit einer erstaunlichen Geschwindigkeit lediglich aus Luft gebaut. In nur wenigen Tagen können die Bienen einen vorher leeren Raum mit frischen weißen Waben und glänzendem Honig ausfüllen.

Ich beobachte gern, wie der Bau der Wabe voranschreitet. Die Bienen hängen in Trauben aus vielen Strängen von Arbeiterinnen zusammen, wobei ihre Extremitäten nach außen gestreckt sind. Sie müssen sehr dicht zusammenrücken, um die für den Bau der Waben optimale Temperatur von 35 °C zu erreichen. Innerhalb dieses Schleiers aus Bienen scheiden junge Arbeiterinnen aus speziellen Drüsen auf der Unterseite ihres Hinterleibs Wachsplättchen aus. Sie speicheln das Wachs ein und formen es zu sechseckigen Hohlräumen, die als Zellen bezeichnet werden.

Alle Zellen weisen exakt die gleichen Maße auf, aber sie erfüllen unterschiedliche Funktionen. Eine einzelne Zelle kann beispielsweise Honig oder Pollen oder Bienenbrut aufnehmen, und alle zusammen richten sich nach den aktuellen Bedürfnissen des Bienenvolkes. Eine neu entstandenes Volk muss so schnell wie möglich für eine ausreichende Anzahl von Individuen

Eine Arbeiterbiene scheidet Wachsplättchen aus.

sorgen, um das Überleben zu sichern; deshalb dienen die ersten Waben, die von den Arbeiterinnen gebaut werden, zur Aufzucht der Larven. Pollen und Honig werden dann häufig an irgendwelchen Stellen gelagert, und erst wenn das Bienenvolk entsprechend angewachsen ist – und besonders natürlich, wenn viele Pflanzen in Blüte stehen (was man als Nektarüberfluss bezeichnet), reservieren die Bienen ganze Waben für die Einlagerung von Honig.

Die Wabe bildet nicht nur den Mittelpunkt aller Aktivität im Bienenstock, sondern sie ist auch eine Demonstration, mit welchem Erfindungsreichtum die Honigbienen ans Werk gehen. Jede Wabe ist ein einzigartiges Gebilde, das exakt den Raum ausfüllt, der den Bienen zur Verfügung steht. Manche Völker leben im Freien in großen Waben, die relativ instabil an einem Ast hängen, doch die meisten beziehen Hohlräume und gestalten ihre Waben nach deren Form. Häufig finde ich L-förmige Waben, beispielsweise in elektrischen Verteilerkästen.

Die Stöcke wilder Bienenvölker finden sich an überraschenden Orten, werden aber auch leicht übersehen. Wenn Sie im Frühling oder im Sommer Ausschau halten, können Sie vielleicht ein Bienenvolk aufgrund des hektischen Treibens der Arbeiterinnen am Stockeingang entdecken.

BIENEN ... WORIN?

Ich erhalte einen Anruf, ich solle einen Bienenschwarm entfernen, der sich im Inneren eines Jetboots niedergelassen hat. Dies ist die seltsamste Aufforderung, die ich bis heute erhalten habe.

Als ich dort eintreffe, bleibt mir lediglich eine Stunde Tageslicht, und ich bin fälschlicherweise der Meinung, dass das Einsammeln leicht zu bewältigen sei. Die Bienen befinden sich jedoch tief im Inneren des Motorraums, und es ist schier unmöglich, sie zu erreichen, obwohl sich der Eigentümer bemüht, die Anlage weitgehend zu zerlegen.

Ich verbringe den Großteil dieser Stunde damit, blind nach Bienen zu haschen und jeweils eine Handvoll einzusammeln, wobei ich meine Schulter fest gegen das Motorgehäuse presse und ständig den Winkel verändere, um sie alle zu erwischen. Jedes Mal, wenn ich einige Bienen mit meiner behandschuhten Hand aufnehme, scheint es, dass ebenso viele in die unerreichbare Dunkelheit fallen. Angespannt suche ich in jeder Handvoll, die ich zu fassen bekomme, nach der Königin, aber sie ist nicht dabei.

Frustriert mache ich weiter. Ich fühle mich schwindlig, weil ich die ganze Zeit Benzindämpfe einatmen muss. Als ich kurz aufblicke, bemerke ich, dass die Sonne gerade untergeht. Ihre feuerrote Farbe geht rasch in Violett über, in dem meine Augen nicht mehr arbeiten können. Ich bin mir sicher, dass ich die Königin nicht in meinem Bienenkasten habe. Mein Partner schlägt vor, den Verlust zu begrenzen und zumindest die Bienen mitzunehmen, die wir haben.

Wir haben die Mehrzahl im Bienenkasten, aber ich kann das Gefühl nicht abschütteln, dass uns die Königin nach wie vor fehlt. Dieser nagende Verdacht zwingt mich dazu, ein weiteres Mal nach ihr zu suchen, und mit der Taschenlampe in der Hand umkurve ich den Motor. Ich spähe in einen letzten Spalt und beleuchte ... niemand anderen als die Königin!

Meine Freude hält jedoch nicht lange an, als ich feststelle, dass sie und der Haufen Arbeiterinnen um sie herum außerhalb meiner Reichweite sind. Meine einzige Chance, sie doch noch einzusammeln, besteht darin, dass sie freiwillig herauskrabbelt. Ich halte ihr meine Fingerspitze hin und versuche, sie mental zu beeinflussen, mir zu vertrauen. Prompt hängt sie sich an meinen Finger, und ich ziehe sie aus dem Abgrund.

Mir bleibt nur **EINE STUNDE TAGESLICHT**, *um den Bienenschwarm aus dem Inneren des Boots zu entfernen.*

Nahaufnahme einer Arbeiterin mit Pollenhöschen (siehe auch Seite 46)

DIE

Arbeiterin

DIE ARBEITERINNEN machen den größten Anteil am Bienenvolk aus. Sie erfüllen unterschiedliche Funktionen, um diesen Superorganismus am Leben zu erhalten. Wenn Sie jemals eine Honigbiene auf einer Blüte beobachtet haben, dann wurden Sie Zeuge, wie eine Arbeiterin eine ihrer lebenswichtigen Aufgaben erfüllt hat: das Sammeln von Futter! Doch die Arbeiterinnen erledigen noch viel mehr, als nur Blüten zu besuchen. Tatsächlich verbringen sie die erste Hälfte ihres Lebens fast vollständig innerhalb des Bienenstocks.

Obwohl Bienen für ihre emsige Arbeit berühmt sind, werden Sie überrascht sein, dass die Arbeiterinnen im Stock nicht in einem hektischen Tempo umhereilen, sondern stattdessen relativ bewegungslos verharren. Wenn ich mit Schülern ins Innere eines Bienenstocks schaue, fragen sie mich häufig, was genau jede Biene macht. Die lustige Antwort lautet: Sie machen eigentlich überhaupt nicht viel. Sie arbeiten in kurzen Schüben, und dazwischen liegen lange Perioden, in denen sie inaktiv sind. Sie halten sogar ein Schläfchen!

Der Lebenslauf einer Arbeiterin

In den sechs Wochen ihres Lebens übernimmt eine Arbeiterin viele unterschiedliche Aufgaben innerhalb des Bienenstocks, wobei sich diese mit zunehmendem Alter ändern. Sie beginnt ihren Lebenslauf als Reinigungskraft, die die Zellen säubert. Danach übernimmt sie verschiedene andere Pflichten, mitunter zwei oder mehr zur gleichen Zeit: Versorgung der Larven und der Königin, Vorbereitung und Einsammeln von Nahrung, Aufbau von Waben, Regulierung der Temperatur und Bewachung des Stocks. Es gibt sogar Bienen, die für Bestattungen zuständig sind: Sie müssen kranke oder tote Artgenossen aus dem Stock entfernen (tatsächlich übt nur ein Prozent der Bienen diese Aufgabe aus).

Etwa ab dem 21. Lebenstag übernimmt die Biene Aufgaben außerhalb des Stocks, das heißt, sie sammelt Nektar, Pollen, Wasser und anderes notwendiges Material. Arbeiterinnen erfüllen ihre Pflicht unermüdlich bis zu dem Tag, an dem sie sterben, ohne Rücksicht auf den Tribut, den ihr Körper zahlen muss. Sobald eine Arbeiterin mit dem Sammeln beginnt, verschlechtert sich ihr Gesund-

Eine junge,
flauschig behaarte
Arbeiterin

Eine Arbeiterin sammelt Nektar in der Blüte des Kalifornischen Mohns.

heitszustand rapide. Ihre Flügel werden ramponiert, und sie beginnt, ihre Haare zu verlieren! Sie können tatsächlich das ungefähre Alter einer Arbeiterin daran abschätzen, wie behaart sie ist.

Das einzigartige System der Arbeitsteilung erlaubt dem Bienenvolk eine unglaubliche Flexibilität. Obwohl die jeweilige Arbeit im Allgemeinen durch das Alter festgelegt wird, können die Bedürfnisse des Bienenstocks den üblichen Arbeitsablauf ändern. Wenn ein Volk beispielsweise zu wenig Sammelbienen aufweist, beginnen jüngere Bienen vorzeitig damit, Pollen und Nektar einzutragen. Wenn ein Volk mehr Ammenbienen benötigt, übernehmen ältere Futtersammlerinnen wieder die Aufgaben, die sie in ihrer Jugend hatten. Diese Umformbarkeit der Arbeiterinnen ermöglicht es dem Bienenvolk, in kritischen Situationen zu überleben, selbst wenn es von Krankheiten oder Umweltgiften bedroht ist.

SUCHBILDER – WO IST DIE BIENENKÖNIGIN?

Können Sie die Bienenkönigin finden? Auf den folgenden Seiten wird Ihnen die Aufgabe gestellt, die Bienenkönigin zu entdecken. Die Fotos zeigen jede Menge Bienen, doch unter ihnen befindet sich nur eine Königin. Sie können sie an ihrem extrem langen Hinterleib erkennen oder an dem Kreis von Arbeiterinnen, der sie umgibt. Manchmal wirkt ihre goldene Färbung wie ein Leuchtfeuer, während ein dunkler Farbton dafür sorgt, dass sie mit dem Hintergrund verschwimmt. Und halten Sie auch nach Drohnen Ausschau! Sie werden irrtümlich für die Königin gehalten. Aber keine Sorge – am Anfang sind die Suchbilder leicht. Schlagen Sie ab Seite 107 nach: Dort erhalten Sie detaillierte Informationen, wie man die Königin entdeckt und identifiziert.

Die Lösungen der Suchbilder finden Sie ab Seite 122 im Kapitel „Gefunden! – Auflösung der Suchbilder".

1

2

4

DIE
Königin

EIN EINZIGER BLICK auf die Königin reicht aus, um festzustellen, dass sie sich von Arbeiterinnen und Drohnen deutlich unterscheidet. Ihre einzigartigen Eigenschaften weisen bereits auf ihre wichtigste Aufgabe hin: die Produktion von Eiern. Ihr verlängerter Hinterleib enthält mehrere Eischläuche (Ovarien), aus denen im Lauf ihres Lebens über eine Million Eier hervorgehen können. Während Arbeiterinnen in der Regel 42 Tage leben, kann eine Königin 5 Jahre oder älter werden. Ihr längerer Hinterleib erleichtert es ihr, Eier am Zellenboden abzulegen – eine Aufgabe, die den Großteil ihrer Zeit in Anspruch nimmt.

Es ist faszinierend, der Königin bei der Arbeit zuzusehen, wie sie über die Waben gleitet und nach leeren Zellen sucht. Eine kleine Gruppe von Arbeiterinnen folgt in ihrem Sog, ständig darauf bedacht, all ihre Bedürfnisse zu erfüllen. Sie füttern und säubern sie – und sie schaffen sogar ihre Ausscheidungen aus dem Stock.

Die Königin verlässt fast nie den Bienenstock. Sie ist zu wichtig für das Überleben des Volkes, und man kann nicht riskieren, dass ihr etwas passiert, da sie als Einzige für die Vermehrung sorgen kann. Ein Bienenvolk ohne seine Königin wird letztendlich zugrunde gehen, wenn die Individuen

Die Königin und ihr Hofstaat

altern. Deshalb wird die Königin, obwohl sie mit zwei Paar Flügel und einem Stachel ausgerüstet ist, weder auf einen Nahrungsflug gehen noch ihr Volk aktiv verteidigen; diese Aufgaben übernehmen die Arbeiterinnen. Die Königin verlässt den Bienenstock nur, wenn sie ausschwärmt oder sich paart.

Die Lebensdauer einer Königin wird häufig davon bestimmt, wie lange sie reproduktionsfähig bleibt und ihre Pheromone abgeben kann. Arbeiterinnen kümmern sich nur dann um eine Königin, wenn sie entsprechend Eier legt und eine ausreichende Menge an Duft- und Lockstoffen aussendet. Wenn die Eiproduktion der Königin nachzulassen oder der Pheromonpegel abzusinken beginnt, ziehen die Arbeiterinnen eine neue Königin heran und töten die alte.

Die Königin bei der Eiablage

Arbeiterinnen kümmern sich um die Brut.

KÖNIGIN ZU VERKAUFEN

E**in hellgelber Volkswagen Variant** taucht auf der Nebenspur auf, als wir auf dem Highway in einem dörflichen Teil von San Diego unterwegs sind. Die Insassen gestikulieren heftig, während ihr Wagen mit gleicher Geschwindigkeit neben mir her fährt. Ich drehe die Fensterscheibe herunter, um besser verstehen zu können, was sie rufen: „Möchten Sie eine Königin?"

Diese ohne jeglichen Zusammenhang gestellte Frage bringt mich aus der Fassung. „Was?", schreie ich in meiner Verwirrung zurück.

„Eine Königin! Wir haben Ihren Kennzeichenhalter gesehen", entgegnen sie. Ich hatte mir vor Kurzem einen neuen gekauft, auf dem steht: Mein Herz gehört den Honigbienen. Als ich mir der Absurdität der Situation bewusst werde, muss ich lächeln.

„Woher haben Sie die Königin?", frage ich nach.

Der bärtige Mann auf dem Beifahrersitz antwortet: „Jemand, den wir auf einem Imker-Treffen kennengelernt haben, hat sie uns gegeben. Wir wissen nicht, woher er sie hat."

Für einen aberwitzigen Moment bin ich versucht, das Angebot anzunehmen, doch dann überdenke ich das Ganze noch mal. Zwei Männer vom Ende der Welt, in einem alten Auto, das bis oben mit Schrott gefüllt ist.

„Nein, danke", antworte ich ihnen und fahre weiter. Wenn ich es mir im Nachhinein überlege, bin ich als Imkerin dem ziemlich nahegekommen, wovor mich meine Eltern immer gewarnt haben: von Fremden Süßigkeiten anzunehmen.

DER
Drohn

IMKER SCHERZEN OFT DARÜBER, dass männliche Bienen, die Drohnen, faul seien, weil sie sich an keiner der im Bienenstock anfallenden Aufgaben beteiligen. Sie leben für einen einzigen Zweck: eine Königin zu begatten. Daher dürfte es wenig überraschen, dass männliche Honigbienen im gesamten Tierreich zu den Arten zählen, die – im Vergleich zur Körpergröße – mit den größten Geschlechtsorganen ausgestattet sind.

Je nach Witterungsbedingungen können Drohnen das ganze Jahr hindurch aufgezogen werden, aber normalerweise ist ihre Zahl im Frühling während der Fortpflanzungszeit am höchsten. Drohnen werden

bereits eine Woche nach dem Schlüpfen geschlechtsreif; im Frühling verlassen sie jeweils am Nachmittag den Bienenstock auf der Suche nach jungfräulichen Königinnen aus benachbarten Völkern. Sie kommen in großen Schwärmen in der Luft zusammen an sogenannten Drohnensammelplätzen, wo sie kreisen und auf vorbeikommende Königinnen warten.

Bis heute ist noch nicht geklärt, wie oder warum sie diese geheimnisvollen Orte ansteuern, doch eine Ansammlung von Drohnen aus benachbarten Bienenvölkern trifft sich Jahr für Jahr in demselben Gebiet. Sobald eine Königin erscheint, fliegen die Drohnen auf sie zu, wobei jeder versucht, der Erste bei der Begattung zu sein.

Wenn die Drohnen nicht gerade auf Hochzeitsflug sind, haben sie anscheinend wenig zu tun. Man sieht sie häufig um die Honigwaben herumschwänzeln und ihre Schwestern um Futter anbetteln. Dieses wenig schmeichelhafte Bild hat ein gewisses Vorurteil unter Imkern hervorgerufen, was die Ökonomie der Honigproduktion in ihren Bienenstöcken betrifft. Sie sind der Meinung, Drohnen konsumieren Honig, den sie stattdessen hätten ernten können, und geben dafür nur wenig zurück.

Doch die Darstellung der Drohnen als nutzlose Faulenzer ist kein faires Porträt ihrer Rolle im Bienenvolk. Man weiß von Drohnen, dass sie den Zusammenhalt des Bienenvolkes erhöhen und so für eine gesteigerte Honigproduktion und gesündere, aktivere Arbeiterinnen sorgen.

Sie tragen außerdem zur Temperaturregelung innerhalb des Stocks bei. So konnte

tatsächlich gezeigt werden, dass ein Drohn aufgrund seiner größeren Körpermasse 1,5-mal so viel Wärme produziert wie eine Arbeiterin!

Drohnen haben außerdem die seltsame Angewohnheit, Zeit außerhalb ihres Stocks bei anderen Bienenvölkern zu verbringen. Arbeiterinnen werden nicht innerhalb anderer Bienenvölker geduldet und von den Wächterbienen sofort angegriffen, wenn sie versuchen, in den Stock zu gelangen. Drohnen scheinen jedoch eine Ausnahme zu bilden. Bis heute kann niemand erklären, warum dies so ist, doch es ist ein Hinweis darauf, dass Drohnen eine wichtigere Rolle im Leben des Bienenvolkes spielen, als man bisher angenommen hat.

Drohnen lassen sich sehr leicht an ihrem eckigen Hinterteil, ihren großen kräftigen Flügeln und ihren enorm großen Augen erkennen. Diese Eigenschaften erhöhen ihre Chancen, eine Königin zu begatten – wobei dieser Akt im Flug stattfindet!

Ein erfolgreicher Drohn erleidet allerdings ein unglückliches Schicksal: Nach der Kopulation verbleibt der herausgestülpte Geschlechtsapparat in der Königin, der Drohn fällt von ihr ab und stirbt an dieser tödlichen Verletzung. Die Alternative ist jedoch auch nicht besser: Gegen Ende des Sommers drängen die Arbeiterinnen alle verbliebenen Drohnen aus dem Stock, sodass sie verhungern müssen. Trotz ihrer Verdienste kann es sich das Bienenvolk nicht erlauben, sie außerhalb der Fortpflanzungszeit zu ernähren und zu beherbergen.

Eine Sammelbiene kehrt mit einer Ladung Pollen in den Bienenstock zurück.

Nahrungssuche

BEINAHE HYPNOTISCH WIRKT ES, die konstante Unruhe am Eingang zu einem Bienenstock zu beobachten. Die Bienen zeigen eine überraschende Vielfalt an anmutigen Bewegungen, wenn sie starten und landen. Manche schwirren mit absolut präziser Geschwindigkeit herein und hinaus, während andere sichtbar taumeln, bevor sie eine Bruchlandung hinlegen und in den Stock rumpeln. Der Unterschied liegt wahrscheinlich an der Art von Ladung, die die Bienen mit sich führen. Futtersuche ist schwere Arbeit!

Sammelbienen tragen eine große Bandbreite an Material für ihren Stock zusammen: Nektar, Pollen, Wasser, Baumharz, Pilze ... Ich habe sogar beobachtet, wie sie den Klebstoff von einem Klebeband gebracht haben. Obwohl die Bienen gemeinsam verschiedene Materialien zum Stock transportieren, tendiert jede einzelne Biene dazu, sich auf das Sammeln einer bestimmten Futtersorte zu spezialisieren.

Wenn Sie in Ihrem Garten Honigbienen beobachten, werden Sie feststellen, dass sie manche Blüten bevorzugen und andere eher meiden. Sie lieben vor allem die Pflanzen aus der Familie der Korbblütler, Kräuter und Blütenstände von Pflanzen, die aus vielen kleinen Einzelblüten gebildet werden, wie beispielsweise Goldrute und Flieder, die jede Menge Futter liefern. Eine einzelne Biene kann 15-mal am Tag Ihren Garten besuchen und bei jedem Flug lediglich Nektar von Thymian sammeln.

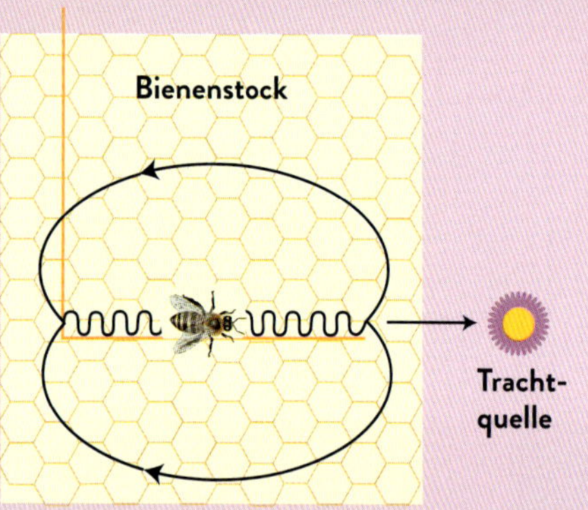

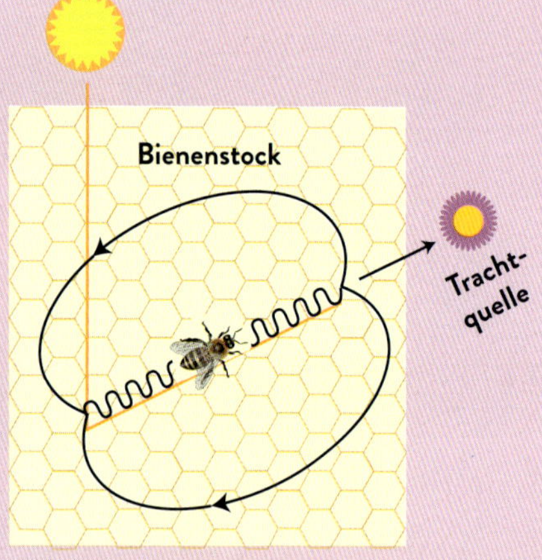

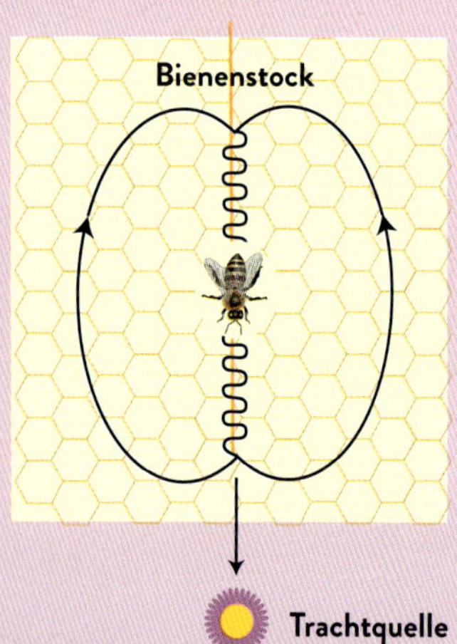

BIENENTANZ

Fast noch verblüffender als der Prozess des Futtersammelns ist die Art und Weise, wie eine Biene ihren Artgenossinnen den Standort einer guten Trachtquelle mitteilt. Wenn eine Sammelbiene eine besonders ergiebige Nektarquelle findet, kehrt sie zum Stock zurück und dirigiert die anderen zu diesem Schatz. Und wie teilt sie ihren Schwestern den Weg mit? Sie kommuniziert die Anweisungen mithilfe der Tanzsprache.

Abfliegende Sammelbienen kommen an einem bestimmten Ort im Bienenstock zusammen, an dem die Rückkehrer einen sogenannten Schwänzeltanz vorführen. Die Tänzerin läuft ein Stück geradeaus und wackelt dabei mit dem Hinterleib vor und zurück und kehrt in einem Bogen einmal links- und einmal rechtsherum wieder zurück, wodurch das Muster einer 8 entsteht. Der Winkel der Geraden, in die sie beim Schwänzeln läuft, mit der Senkrechten entspricht dem Winkel zur Sonne, den die anderen für ihre Navigation einhalten müssen. Je stärker die Schwänzelbewegungen sind, desto vielversprechender ist die Futterquelle, und je länger der Tanz dauert, desto weiter ist die Stelle vom Bienenstock entfernt.

Die Tänzerinnen geben außerdem mithilfe ihrer Antennen den Duft der jeweiligen Blüten an ihre Schwestern weiter. Honigbienen besitzen einen unglaublich feinen Geruchssinn: Sobald sie die allgemeine Lage einer Trachtquelle trianguliert haben, sind sie in der Lage, exakt denjenigen Blütentyp anzusteuern, den sie besuchen möchten, indem sie dessen Duft nachspüren.

Es macht nichts, wenn Sie dieses komplizierte System nicht auf Anhieb verstehen. Alles, was Sie sich merken sollten, ist, dass Bienen Geometrie beherrschen.

VOM Nektar ZUM Honig

HONIGBIENEN SIND BEKANNT DAFÜR, dass sie aus dem gesammelten Nektar Honig produzieren, aber die wenigsten Menschen registrieren, dass sie das für sich selbst machen. Es ist ihre Nahrung! Sie saugen den Nektar aus den Blüten mithilfe ihres langen strohartigen Rüssels, den man als Proboscis bezeichnet. Der Nektar wird in der Honigblase der Arbeiterin gelagert, wo er während des Transports bereits zu einem Teil verdaut und mit Enzymen angereichert wird. Die Honigblase, eine Art Kropf oder Vormagen, ermöglicht es, den Nektar wieder zu erbrechen, und ist deshalb ideal, um Flüssigkeiten wie Nektar, Honig und Wasser zu transportieren.

Wenn eine Sammelbiene zu ihrem Stock zurückkehrt und die Honigblase mit Nektar gefüllt ist, kommt es zu einem Austausch mit einer jüngeren Arbeiterin. Diese erhält dabei nicht nur den Nektar, sondern auch die nützlichen Darmbakterien der älteren Biene – man nimmt an, dass dadurch die individuelle Gesundheit der Bienen verbessert wird. Die junge Biene, die den gesammelten Nektar übernommen hat, beginnt daraufhin, diesen in Honig zu verwandeln, indem sie die süße Flüssigkeit zunächst in leeren Wachszellen lagert. Dort reift der Nektar heran – ein Prozess, bei dem sein Wassergehalt von ungefähr 80 Prozent auf ca. 18 Prozent reduziert wird.

Reifen

Das Reifen des Nektars geschieht in zwei Etappen. Als Erstes nimmt die Biene etwas Nektar auf und lässt den Tropfen auf die Spitze ihres Saugrohrs gleiten, sodass er der Luft ausgesetzt ist. Dies wiederholt sie öfter, das heißt, sie drückt den Tropfen nach außen und zieht ihn dann wieder zurück in ihr Saugrohr. Dabei geht jedes Mal etwas Flüssigkeit verloren, und der Nektar wird dadurch immer konzentrierter.

Sobald sie auf diese Weise annähernd die Hälfte des im Nektar enthaltenen Wassers entfernt hat, lagert sie den Tropfen wieder in der Zelle ab, wo er das letzte Stadium der Dehydrierung durchläuft. Die Bienen unterstützen diese zweite Etappe der Honigreifung, indem sie mit ihren Flügeln über den offenen Honigzellen fächeln. Wenn Sie

Eine Arbeiterin nimmt mit ihrem Saugrüssel (Proboscis) Nektar auf.

einmal in der glücklichen Lage sind, neben einem Bienenstock zu stehen, während im Inneren dieser Vorgang abläuft, werden Sie bestimmt den süßen Duft wahrnehmen. Während der Nektarsammlung und besonders am Abend, wenn die Sammelbienen zurück sind und beim Fächeln helfen, weht ein betörender Duft durch den Bienenstock. Das ist die warme Ausdünstung der Honigreifung.

Sobald der Honig dickflüssig ist, wird die Honigzelle mit einem dünnen Deckel aus Wachs versiegelt. Die Zeit, die die Bienen benötigen, bis der Nektar zu Honig gereift ist, kann unterschiedlich lang sein; sie hängt von den klimatischen Bedingungen, der Größe des Bienenvolkes und der Verfügbarkeit von Waben ab. Ein großes Bienenvolk kann bei günstiger Witterung lediglich einen Tag brauchen, um Nektar in Honig zu verwandeln, aber im Durchschnitt dauert der Prozess zwölf Tage.

Die Bienen legen viele Honigzellen auf einmal an und verschließen sie alle mit großen sauberen Streifen aus weißem Wachs. Diese Honigwaben mit gedeckelten Zellen bilden die Speisekammer des Stocks. Die Bienen legen ihre Honig-Vorräte im Frühling und Sommer an, wenn die Pflanzen in voller Blüte stehen, damit sie in den Wintermonaten genügend Nahrung haben und nicht hungern müssen.

HONIG LAGERN

Wenn der Honig in einem luftdichten Behältnis eingelagert wird, kann er keine Feuchtigkeit aus der Luft aufnehmen, sodass sich sein niedriger Wassergehalt nicht verändern wird. Aus diesem Grund verschließen die Bienen die Honigzellen mit einem Deckel, und wir bewahren den Honig in verschlossenen Gläsern auf.

Der geringe Wasseranteil garantiert eine besondere Eigenschaft: Honig ist keimfrei. Das bedeutet, dass im Honig keine Bakterien gedeihen können. Aus diesem Grund ist Honig das einzige Lebensmittel auf der Erde, das niemals verdirbt. Schon seit Millionen Jahren wird der Honig wegen seines süßen Geschmacks und seiner außerordentlichen medizinischen Eigenschaften von den Menschen geschätzt.

Sie werden sicher überrascht sein zu erfahren, dass sich Honig auch sehr gut als Wundauflage bei Schnitten und Verbrennungen eignet. Er ist außerdem ein natürliches Schmerzmittel, und seine antibakteriellen Eigenschaften sorgen dafür, dass sich Wunden nicht infizieren und der Heilungsprozess rasch voranschreitet.

Triefender Wabenhonig – ein besonderer Genuss

Eine Arbeiterin mit Pollenhöschen auf dem Finger der Autorin

Pollen – die Proteinquelle

Blütenstaub (Pollen) stellt für die Honigbienen die Hauptquelle für Proteine dar. Er wird besonders eifrig im Frühling gesammelt, wenn er im Überfluss vorhanden ist. Typischerweise bringen die Bienen aus einem Umkreis von bis zu 1,5 Kilometer Futter in ihren Stock, aber sie legen noch größere Entfernungen zurück, um Pollen zu sammeln. Sie vermischen den Pollen mit hochgewürgtem Nektar und schieben ihn in die Pollenkörbchen am hinteren Beinpaar. Dort bilden drahtige Borsten und kleine Rillen eine raffinierte Presse, die den Pollen hin und her bewegt und zu einer großen Kugel formt. Eine Arbeiterin kann gleichzeitig zwei dieser klebrigen Pollenkugeln transportieren, eine an jedem Hinterbein.

Ich bezeichne diese großen bunten Anhänge der Beine liebevoll als „Pollenhöschen“. Normalerweise wird Pollen mit Farbtönen wie Gelb oder Orange in Verbindung gebracht, aber tatsächlich kann er viele verschiedene Farben aufweisen. Ich habe Bienen beobachtet, die leuchtend rote Pollenhöschen trugen; auch satte Beerentöne, zartes Grün, verschiedene Graustufen und gelegentlich – meine Lieblingsfarbe – auch ein dunkles Violett kamen vor.

Arbeiterinnen sind geübte Hairstylisten und verbringen häufig einige Sekunden zwischen den Blütenbesuchen damit, den

Pollen weisen ein breites Farbspektrum auf, unter anderem auch ein kräftiges Violett – meine Lieblingsfarbe.

Eine Biene an der Blüte einer Aloe

Wabenzellen, angefüllt mit roten Pollenkörnern, die wahrscheinlich von einer Aloe stammen

Pollen von ihrem Körper abzustreifen. Besonders gewissenhaft reinigen sie ihre beiden riesigen Komplexaugen, die mit feinen Härchen besetzt sind und daher leicht von Pollen eingehüllt werden können. Ihre Vorderbeine fungieren dabei wie Scheibenwischer, sie können den Pollen in eine Richtung wegstreichen.

Eine Biene wird sich jedoch niemals selbst von allen Pollenkörnern reinigen können, da diese aufgrund der elektrostatischen Aufladung von den Härchen an ihren Beinen angezogen werden! Natürlich gehört dies alles zum Gesamtkonzept der Natur: Bienen und Blüten sind Symbionten. Wenn die Biene nach Futter sucht, bestäubt sie dabei die Pflanze. Pollenkorn und Eizelle vereinigen sich, bilden Samen, und daraus entstehen wiederum neue Pflanzen, die den Bienen Nahrung bieten.

Zurück im Bienenstock wird der Pollen in Zellen gestopft, wo er für späteren Verzehr eingelagert und fermentiert wird. Die Fermentation ist wichtig, damit die Bienen die im Pollen enthaltenen Nährstoffe verwerten und verdauen können.

6

10

7

11

Lebenszyklus

EIN BIENENSTOCK REGENERIERT sich ständig selbst. Ältere Arbeiterinnen sterben jeden Tag, und neue Arbeiterinnen schlüpfen und nehmen ihren Platz ein. Selbst die Königin wird saisonal ersetzt, wenn sie mit dem Schwarm den Stock verlässt. Obwohl sich viele Leute das Innere eines Bienenstocks eher wie einen glänzenden Honigpalast vorstellen, ist ein Großteil des Raumes in Wirklichkeit der Aufzucht neuer Bienen gewidmet. Aus diesem Grund kann ein Bienenvolk Jahrzehnte überleben!

Eine Honigbiene verlässt ihre Zelle, um ihr Leben als Arbeiterin zu beginnen.

DIE GEFALLENE KÖNIGIN

Meine Umgebung – eine holprige, kurvenreiche Straße im wilden kalifornischen Hinterland. Die dramatischen, purpurrot leuchtenden Berge im Hintergrund bilden ein wunderschönes Motiv für jeden Maler. Mein einsamer, schmutzig weißer Toyota Prius, der in dieser ländlichen Szenerie geparkt ist, sieht dagegen eher komisch aus.

Meine Praktikantin und ich inspizieren das zweite Volk auf einem langen Bienenstand, der acht Bienenstöcke enthält. Ich reiche ihr ein weiteres Rähmchen und will gerade auf die exzellente Vorlage für die Brut hinweisen, als etwas am Boden meine Aufmerksamkeit erregt: Eine Königin krabbelt verzweifelt im Dreck zu meinen Füßen herum.

Königinnen sind sehr schlechte Flieger, weil sie nun mal ein enormes Körpergewicht aufweisen. Ich danke meinem Glücksstern, dass ich nicht auf sie getreten bin, lange hinunter und hebe sie auf. Sie muss aus einem der Rähmchen gefallen sein, die ich gehalten habe, aber zu welchem Stock gehörte er? Ich befinde mich zwischen den beiden Stöcken und halte die Königin schützend mit meinen Händen umschlossen. Wenn ich sie in den falschen Stock setze, werden die Arbeiterinnen sie töten.

Bevor mir eine Lösung für das Problem einfällt, fliegt eine Arbeiterin aus dem offenen Bienenstock und greift die hilflose Königin in meinen Händen an. Es geschieht blitzschnell: Erst eine, dann zwei, dann drei Bienen fallen sie an, und durch die Kraft ihres überfallartigen Angriffs gerät der Klumpen aus Bienen samt der Königin ins Rollen, rutscht von meiner Hand und fällt zwischen die Rähmchen des offenen Bienenstocks.

In vollkommener Panik greife ich dazwischen und versuche, die Königin wieder zu erhaschen, aber sie ist zu tief hineingerutscht, sodass ich sie nicht mehr finden kann. Das Volk wird eine neue Königin heranziehen und die alte ersetzen.

Bevor mir eine Lösung für das Problem einfällt, fliegt eine Arbeiterin aus dem offenen Bienenstock und **ATTACKIERT** *die hilflose Königin in meinen Händen.*

Im Brutraum

Jede Honigbiene beginnt ihr Leben als Ei. Die Königin legt in jede Zelle ein Ei ab, und nach 3,5 Tagen schlüpft daraus eine kleine Larve. Junge Arbeiterinnen überwachen diese Larven ständig. Sie halten sie warm, füttern sie und entfernen alle, die krank oder abnormal sind. Der Brutraum ist ein wesentlicher Faktor für ein gesundes Volk, denn er repräsentiert die Zukunft.

Es dauert zwischen 19 und 21 Tagen, bis sich eine Arbeiterin von der Larve bis zur Biene entwickelt, wobei sich die Verwandlung vom Larvalstadium in die flauschige adulte Form, die wir kennen und lieben, in der Zelle vollzieht. Die Metamorphose läuft unter einem Deckel aus Wachs ab, durch den sich die Biene hindurchbeißen muss, wenn sie zum Schlüpfen bereit ist. Sobald sie sich selbst aus ihrer Zelle befreit hat, reinigt sie diese, um sie für die Aufnahme eines neuen Eies vorzubereiten.

Das Schicksal bestimmen

Erstaunlicherweise kann die Königin das Geschlecht ihrer Eier kontrollieren, indem sie das Sperma, das sie auf ihrem Hochzeitsflug gesammelt hat, freisetzt oder nicht freisetzt. Aus unbefruchteten Eiern entwickeln sich Drohnen, während aus befruchteten Eiern entweder Arbeiterinnen oder Königinnen entstehen. Das bedeutet, dass ein Drohn einen haploiden Chromosomensatz aufweist und somit nur die Gene seiner Königin besitzt. Arbeiterinnen und Königinnen dagegen sind diploid, denn sie tragen sowohl die mütterlichen Gene von

Bieneneier in ihren Zellen

Eine Königin inspiziert eine Zelle, bevor sie ihren Hinterleib hineinsenkt und ein Ei am Boden ablegt.

Die starke regenerative Ausrichtung macht ein Bienenvolk beinahe **UNSTERBLICH**, *allerdings ist es nicht gegen Unglücksfälle gefeit.*

der Königin als auch die väterlichen von den Drohnen, mit denen sich die Königin gepaart hat.

Arbeiterinnen überwachen anschließend das Schicksal eines befruchteten Eies, indem sie die Ernährung der Larve verändern. In den ersten Tagen ihres Lebens erhalten alle Larven eine spezielle enzymhaltige Substanz namens Gelée royale. Man kann beobachten, wie die zarten Larven im Bienenstock in einem großzügigen Pool dieser milchig-weißen Substanz schwimmen. Bald darauf wird die Ernährung fast aller auf Pollen und Honig umgestellt, wodurch sie sich zu Arbeiterinnen entwickeln.

Wenn das Bienenvolk eine neue Königin benötigt, wählen die Arbeiterinnen eine junge Larve aus, die noch nicht mit Pollen und Honig ernährt worden ist, und bilden um sie herum eine größere Zelle, die einer Erdnuss ähnelt. Diese Larve wird weiterhin mit Gelée royale gefüttert, bis sie sich verpuppt und schließlich als neue strahlende Königin schlüpft. Sie wird bald darauf ihren Hochzeitsflug antreten und ihren eigenen Reproduktionszyklus beginnen.

Diese starke regenerative Ausrichtung macht ein Bienenvolk beinahe unsterblich, allerdings ist es nicht gegen Unglücksfälle gefeit. Manchmal gibt es gewisse Umstände, die das Volk seiner Königin und der Larven berauben und die es notwendig machen, eine neue Königin heranzuziehen. Ein Volk ohne Königin ist zum Untergang verurteilt, denn sie ist die Einzige, die Eier legen kann, aus denen sich Arbeiterinnen entwickeln. Die Arbeiterinnen werden weiterhin Honig produzieren und Vorräte anlegen, aber jeden Tag sterben die älteren Individuen, ohne durch junge ersetzt zu werden.

Wenn es weder Königin noch Brut gibt, fangen die Arbeiterinnen an, selbst Eier zu legen; doch da sie nicht begattet wurden, können sich daraus nur Drohnen entwickeln. Der Bienenstock wird von ihnen überlaufen, und die Population nimmt so stark ab, dass die Bienen Kälte, Hunger oder Räubern zum Opfer fallen – die Unsterblichkeit des Bienenvolkes ist verloren.

Eine frisch geschlüpfte Arbeiterin sieht so flauschig aus, dass man sie streicheln möchte.

DAS LEBEN DER BIENENKÖNIGIN

THEORETISCH ist es schwierig, den Entstehungsmoment eines Bienenvolkes festzulegen, aber wenn ich wählen müsste, würde ich mit dem Ausschwärmen starten. Ein Schwarm markiert die Geburt sowohl einer neuen Königin als auch eines neuen Bienenvolkes. Das Ausschwärmen ist der Beginn und manchmal das Ende des Lebens einer Königin. Mitunter aber auch eine Art Wiedergeburt!

In Wartestellung

WENN EIN BIENENVOLK im Frühling zu seiner vollen Größe herangewachsen ist, beginnen die Bienen zu schwärmen. Dadurch gelingt es ihnen, neuen Lebensraum für ihre Art zu erobern und neue Völker zu bilden – und diese neuen Völker brauchen neue Königinnen. Während der Schwarmzeit teilt sich das Bienenvolk: Eine Hälfte verlässt zusammen mit der alten Königin den Stock und gründet an einem anderen Ort ein neues Volk, während die andere Hälfte zurückbleibt und eine Ersatzkönigin heranzieht.

Damit dieser Vorgang reibungslos ablaufen kann, ist ein erstaunlich hoher Aufwand an Vorbereitung notwendig. Zuerst legen die Arbeiterinnen kleine Näpfe aus Wachs am Rande der Wabe an, die als Weiselnäpfe bezeichnet werden. In jede dieser Zellen legt die Königin ein Ei, und die Arbeiterinnen beginnen damit, eine Ersatzkönigin heranzuziehen. In den nächsten 16 Tagen werden diese Wachszellen zur vollen Größe einer Weiselzelle verlängert, damit sie die heranwachsenden Larven problemlos aufnehmen können. In der Regel zieht ein Bienenvolk in der Schwarmzeit 10 bis 20 neue Königinnen heran, aber diese schlüpfen erst, wenn die alte Königin zusammen mit dem Schwarm den Stock verlassen hat.

Für die frisch geschlüpften Königinnen gibt es zwei Möglichkeiten: Sie können sich mit ihren Rivalinnen in einem Kampf auf Leben und Tod messen oder sie können einen zweiten kleineren Schwarm um sich sammeln und fliehen.

Weiselzelle in Originalgröße, noch nicht gedeckelt

Auf Leben und Tod

EINE KÖNIGIN WIRD in das organisierte Chaos hineingeboren. Sie schießt so plötzlich aus ihrer Zelle wie der Korken aus einer Champagnerflasche und krabbelt zwischen den Waben mit einer irren Geschwindigkeit umher. Im Gegensatz zu älteren Königinnen sind frisch geschlüpfte klein, schnell und rauflustig. Ihr Hinterleib ist deutlich kürzer; er ragt kaum über ihre Flügelpaare hinaus, wodurch sie eine erstaunliche Beweglichkeit und Geschwindigkeit erreicht.

Sie ist eine von etwa einem Dutzend neuer Königinnen im Bienenstock, und ihr Überleben hängt von zwei Faktoren ab: Timing und Stärke. Wenn sie als Erste schlüpft, ist sie im Vorteil. Sie kann ihre noch nicht geschlüpften Rivalinnen durch die Wände ihrer Zellen hindurch mit ihrem Stachel töten. Allerdings sind die Weiselzellen über den ganzen Stock verteilt, sodass eine neue Königin meistens nicht die Zeit hat, alle Gegnerinnen zu töten, bevor diese schlüpfen.

Aus diesem Grund muss die junge Königin ihre Position im Bienenvolk behaupten und gegen ihre Schwestern in einem Kampf auf Leben und Tod antreten. Man vermutet, dass ein Pheromon aus dem Hinterleib freigesetzt wird, sobald sich zwei junge Königinnen begegnen, und den Kampf auslöst. Dennoch beginnen sie nicht immer sofort zu kämpfen. Manche Königinnen vermeiden eine Auseinandersetzung stundenlang oder flüchten sogar vor der endgültigen Konfrontation.

Wenn der Kampf endlich beginnt, klammern sich die Königinnen aneinander,

Die Zelle einer frisch geschlüpften Königin

verbeißen sich heftig und zerren an den Gliedmaßen. Das Ganze kann in 15 Sekunden vorbei sein oder auch 15 Minuten dauern. Der Kampf endet, sobald es einer Königin gelingt, die andere zu stechen. Die Unterlegenere ist häufig paralysiert und wird mitunter von Arbeiterinnen gewaltsam festgehaltenen, sodass die Siegerin weitere Stiche setzen kann!

Eine Königin besitzt Giftdrüsen, die dreimal so groß wie die einer Arbeiterin sind. Immerhin muss sie in relativ kurzer Zeit eine große Zahl von Rivalinnen erledigen. Die Sieger gehen manchmal mit eingerissenen Flügeln oder einem verlorenen Bein aus dem Kampf hervor, aber diese Behinderungen schränken nicht ihre Eiproduktion ein, und die Königinnen sorgen trotzdem für gesunde Bienenvölker. Die unterlegene Königin stirbt meist innerhalb von 15 Minuten nach dem letzten Stich, und ihr Körper wird von einer Bestatterbiene aus dem Stock entfernt.

Sprüh-Verhalten

Eine übliche Kampftaktik junger Königinnen besteht darin, sich gegenseitig mit einer süß schmeckenden Flüssigkeit aus der Rektaldrüse zu besprühen. Obwohl noch

nicht oft darüber berichtet wurde, ist man der Meinung, dass dieses Verhalten bei ungefähr der Hälfte aller Kämpfe zwischen Königinnen gezeigt wird. Arbeiterinnen finden Oberflächen und Individuen, die mit der nach Blüten duftenden Flüssigkeit besprüht wurden, äußerst anziehend, sammeln sich rasch um eine Königin, die besprüht wurde – und halten sie fest. Der Rausch der Arbeiterinnen ist manchmal so stark, dass die Bewegungsfähigkeit beider Königinnen eingeschränkt wird und der Kampf zeitweise zum Erliegen kommt.

In den Fällen, wo lediglich die besprühte Königin ruhiggestellt ist, hat die Gegnerin die Gelegenheit, die Masse der Arbeiterinnen zu durchbrechen und tödliche Stiche anzubringen. Es ist noch unklar, ob dieses Sprüh-Verhalten eine hinterhältige List darstellt mit dem Ziel, einen schnellen Sieg zu erringen, oder ob es lediglich ein Mittel ist, um eine Kampfpause einzulegen. Wie auch immer, der anziehende Duft aus der Rektaldrüse einer jungen Königin wirkt nur zeitlich begrenzt. Wenn die siegreiche Königin älter wird, weisen ihre Fäkalien einen ranzigen Geruch auf.

Eine tote Jungkönigin, die aus dem Stock geworfen wurde

DIE LÄCHELNDE KÖNIGIN

In meiner Fantasie habe ich mir oft vorgestellt, einen Schwarm mit einer markierten Königin in seiner Mitte einzufangen; dies geht seit etwa sieben Jahren so, als ich mit der Bienenzucht begonnen habe, aber es ist bis heute nie passiert.

Ich liebe meine wilden Schwärme, aber man kann nie wissen, ob sich ihr Temperament ändert, sobald sie sich niedergelassen haben. In meiner Region kommt die Afrikanische Honigbiene vor. Eine markierte Königin bedeutet, dass sie nicht aggressiv ist, dass sie von einem Züchter und aus einem betreuten Bienenstock stammt. Zahme Königinnen sind gewöhnlich schwächer, aber wenn das Volk kräftig genug war, um auszuschwärmen, dann ist das immer auch ein Zeichen von Widerstandsfähigkeit – was meinen Wunsch nach diesem Schwarm aus meiner Fantasie noch stärker werden lässt.

Ich versuche, nicht daran zu denken, wenn ich ausziehe, um einen Schwarm einzufangen, aber ich halte an diesem Gedanken als eine wundervolle Möglichkeit fest. Natürlich habe ich gelegentlich meine eigenen Schwärme mit meinen eigenen markierten Königinnen eingefangen. Sie verlassen den Bienenstock und sammeln sich fast immer in einem kleinen, ganz in der Nähe stehenden Baum. Das zählt aber nicht. Ich möchte die Königin eines anderen Imkers – eine geheimnisvolle Königin mit einem Stammbaum!

Diese Gedanken kommen mir heute jedoch nicht in den Sinn, als das laute Summen eines fliegenden Schwarms die Führung durch die Bienenstöcke unterbricht, die ich gerade mache. Meine sofortige Reaktion besteht in einer ziemlichen Verärgerung: Eines meiner Völker schwärmt aus. Na toll.

Doch schnell gewinne ich dem Ganzen auch einen positiven Aspekt ab. „Schaut doch nur, sie fliegen ein“, rufe ich meinen unsicheren Begleitern zu und zeige auf einen Stapel leerer Zargen, auf denen sich der Schwarm niederlässt. In dieser Gruppe sind mehrere Kinder, die vor Begeisterung strahlen. „Das bekommt nur selten jemand zu sehen“, kommentiere ich, als wir in der Nähe der Zargen anhalten, um die landenden Bienen besser beobachten zu können.

Auf einmal erblicke ich die Königin im Flug, die Silhouette ihres dicklichen Körpers zeichnet sich gegen den Himmel ab. Ich versuche, sie den Kindern zu zeigen, verliere sie aber in dem Gewimmel. Wir knien alle zusammen auf dem dreckigen Boden und bestaunen das Wunder des fliegenden Bienenschwarms. Ich muss schmunzeln, während wir verfolgen, wie die Bienen ihr neues Heim beziehen.

Nach der Führung sehe ich meine Notizen über den Bienenstand durch. In den Stöcken befinden sich durchwegs wilde, im Freien eingesammelte Bienenvölker mit unmarkierten Königinnen. Keines von ihnen zeigte irgendwelche Anzeichen, dass es bald schwärmen würde, deshalb kann dieser Schwarm nicht aus meinem Bienenstand stammen. Es ist zwar etwas ungewöhnlich, dass sich ein Schwarm

Diese mit einem Smiley gekennzeichnete Königin bringt mich selbst zum Lächeln.

in der Nähe all dieser anderen Stöcke niederlässt, aber Schwärme nisten nun mal gern in Höhlungen, in denen bereits vorher Honigbienen gewohnt haben. Ein alter Stapel Zargen, bedeckt mit Wachs und Propolis, muss auf die Bienen äußerst anziehend gewirkt haben. Die meisten Imker würden über diese Neuankömmlinge begeistert sein, aber ich nehme es gelassen. Ich sammle so viele Schwärme ein, sodass sich mir eher ein anderes Problem stellt: Ich habe zu viele Bienen!

Als ich zwei Wochen später zurückkomme, öffne ich den Stock mit meinem neuen Bienenvolk, um zu sehen, was in der Zwischenzeit passiert ist. Sie haben die alten Waben, genutzt und geschäftig mit Pollen und Honig gefüllt. Plötzlich sehe ich die Königin, und sie ist markiert! Und nicht nur das: Ihre Markierung ist teilweise stark verblichen und hat nur ein paar Reste zurückgelassen, die wie ein Smiley aussehen. Ich muss laut lachen. Was für ein wundervoller kosmischer Scherz!

Auf Wohnungssuche

WÄHREND SICH DIE NEUEN KÖNIGINNEN ENTWICKELN, verlassen spezielle Arbeiterinnen, die sogenannten Spurbienen, das Nest, um nach neuen Nistplätzen Ausschau zu halten. Diese Kundschafter können bis zu 30 Minuten damit verbringen, ein mögliches neues Zuhause auszumessen und zu untersuchen. Wenn Sie einen interessanten Platz entdecken, kehren sie zum Nest und berichten mithilfe des Schwänzeltanzes von ihrem Fund. Weitere Spurbienen ziehen aus und untersuchen ebenfalls den angezeigten Nistplatz. Wenn er ihnen zusagt, fliegen sie ebenfalls zum Nest zurück und beginnen zu tanzen.

Letztendlich begrenzen die Spurbienen ihre Wahl auf zwei oder drei mögliche Nistplätze, wobei jeder von seiner eigenen Tanzgruppe vertreten wird. Dieser Prozess lässt sich mit unseren demokratischen Verhältnissen vergleichen, wobei die Kundschafter mit dem Mittel des Tanzes für den Platz stimmen, den sie für den geeignetsten halten.

Vorbereiten und Packen

Nach der Rückkehr in den Stock übernehmen es andere Arbeiterinnen, die alte Königin auf den Abflug vorzubereiten. Bienenköniginnen sind aufgrund ihrer Körpergröße schlechte Flieger, deshalb muss eine Königin ungefähr ein Drittel ihres Gewichtes verlieren, bevor sie mit dem Schwarm ausfliegen kann. Um dies zu erreichen, wird sie auf Diät gesetzt. Außerdem wird sie von den Arbeiterinnen zu Übungen angestachelt, indem sie sie im Bienenstock herumjagen! Diese strengen persönlichen Trainer drängen sie zu ständiger Bewegung, schütteln, schubsen und beißen sie sogar.

Besonders grausam ist, dass sich die Arbeiterinnen, während die Ernährung der Königin weiterhin eingeschränkt bleibt, mit Honig vollstopfen und ihren Honigmagen bis zum Bersten füllen. Dieses Verhalten der Bienen entspricht unserem Kofferpacken. Sie werden den gesamten Honig, den sie mitnehmen können, für den Start in ihrem neuen Bienenstock benötigen. Beim Abflug machen die Honigreserven, die ein Schwarm mit sich trägt, ungefähr ein Drittel seines Gewichts aus. Und während die Königin mittlerweile schlank und wendig ist, wirken die Arbeiterinnen aufgrund des zusätzlichen Gewichtes eher fett und lethargisch.

Die träge Atmosphäre eines Volkes kurz vor dem Schwärmen erscheint nicht logisch. Die Bienen hängen gleichgültig über den Waben und am Einflugloch herum und bewegen sich kaum noch, bis die Kundschafter zurückkommen, um sie dazu anstiften, den Stock zu verlassen. In der Regel benötigen die Spurbienen über eine Stunde dafür. Dabei krabbeln sie erregt von Biene zu Biene und übermitteln ein Signal, das die Flugmuskulatur stimuliert.

Sobald die Arbeiterinnen ihre Muskeln aufgewärmt haben, senden die Kundschaf-

Ein Bienenschwarm im Flug

ter ihr zweites Signal: Sie stürmen wie verrückt durch den Stock, summen dabei laut und schieben alle ihre noch zaudernden Artgenossinnen an. Ihre Erregung löst einen Massenexodus aus, und auf einen Schlag verwandelt sich der Bienenstock. Die reglose Luft wird erfüllt von einem brausenden Summen, und die Bienen stürzen wie verrückt auf den Eingang zu, um loszufliegen.

Die Königin wird von dieser Flut gepackt und mit aus dem Stock gezogen. Sie erhebt sich in die Luft und taucht ein in die Wolke aus wirbelnden Bienen über ihr.

Die Flucht ergreifen

Es gibt für mich kaum einen schöneren Anblick als einen Bienenschwarm im Flug. Ich bin ihnen zu Fuß und mit dem Auto hinterhergejagt. Ich stand mitten in einem Schwarm, wie hypnotisiert von diesem Wunder. Ich wurde sogar von einem anderen als geeignetes Objekt für eine Landung ausgewählt.

Bienenschwärme müssen für gewöhnlich auf dem Weg zu ihrem neuen Nistplatz Pausen einlegen; das führt mitunter dazu, dass sie an einer unsinnigen oder unbequemen Stelle landen.

Einmal bekam ich einen Anruf, dass sich ein Bienenschwarm sogar mitten auf einem Lkw-Reifen niedergelassen hat! Im Frühling, in der Haupt-Schwarmzeit, verbringe ich so viel Zeit damit, Schwärme einzusammeln, dass sie mich noch in meinen Träumen verfolgen.

BIENEN ZUM GEBURTSTAG!

Es ist einer dieser typischen wunderschönen Frühlingstage in San Diego, und mein Telefon läuft heiß, weil so viele Leute wegen schwärmenden Bienen anrufen. Nachdem ich alle meine Nachrichten abgehört habe, entscheide ich mich für einen Schwarm, der nicht weit weg von meinem Haus gelandet ist, und mache mich auf den Weg dorthin.

Als ich ankomme, ist der Schwarm gerade dabei weiterzufliegen. Ich kann die riesige wimmelnde Wolke von meinem Auto aus sehen. Voller Panik renne ich darauf zu, die Schwarmkiste in meiner Hand. Im Geist gehe ich rasch alle Möglichkeiten durch, wie man einen fliegenden Schwarm einfangen kann. Habe ich irgendein Lockmittel in meinem Auto? Kann ich zu Fuß mit den Bienen Schritt halten?

Ich stoppe inmitten von etwas, das sich wie ein langsamer Tornado aus Bienen anfühlt, und starre gebannt auf zwei vierjährige Jungen, Zwillinge, die glücklich in diesem Sturm spielen. Sie schauen mich unbeteiligt an, ihre Gesichter sind geschminkt, und sie tragen Plastikschmuck. Als uns die fliegenden Bienen vollständig eingehüllt haben, verraten sie mir, dass heute ihr Geburtstag ist. Das ist so ein seltsamer, fast magischer Augenblick, dass ich meine Mission völlig vergesse und dieses Wunder mit ihnen feiere.

Einige Minuten später hat sich das Durcheinander wieder gelegt, und es stellt sich heraus, dass die Bienen wieder in den Eulenkasten zurückgekehrt sind, aus dem sie fortgeflogen waren. Aus demselben Grund haben sie sich mit dem ursprünglichen Volk wiedervereinigt. Ich plaudere mit der Mutter der Zwillinge über ihr Bienenvolk im Eulenkasten, da unterbricht uns einer ihrer Söhne: „Schaut euch die Biene an!“ Er zeigt uns eine tote Biene, die er vom Boden aufgehoben hat, an der Stelle, wo sich der Schwarm versammelt hat. Ich schaue auf seine kleine sandige Hand und stelle erstaunt fest, dass es sich um eine Königin handelt. Auf einmal ist mir klar, warum der Schwarm wieder zurückgekehrt ist: Die Königin ist gestorben!

17

Mal kurz ausgeschwärmt

Soeben hat eine meiner Kundinnen angerufen und mir mitgeteilt, dass die Bienen, die wir auf ihrem Dach halten, ausgeschwärmt sind und sich in einem Busch neben dem Haus sammeln. Sie hatte heute Morgen gesehen, wie der Schwarm den Stock verließ, den Baum in ihrem Vorgarten umkreiste und dann wieder in den Stock zurückkehrte. Auch beim zweiten Mal versuchten die Bienen, in dem Baum zu landen, doch nach einiger Verwirrung ließen sie sich knapp über dem Boden in einem Busch nieder.

Ich glaube, ich weiß, um welchen Bienenstock es sich handelt. Es ist „Stumpy“, denn so habe ich die Königin dieses Volkes benannt, weil sie sich im Kampf mit den anderen Jungköniginnen verletzt hatte und ihre Flügel eingerissen waren. Ich vermute, dass sie nicht mehr weit fliegen kann, und lächle in mich hinein. Was würde sie wohl tun, wenn ich mich nicht aufmachen würde, um sie zurückzuholen?

Der Schwarm befindet sich nur wenige Zentimeter über dem Boden, als ich eintreffe, und schmiegt sich an die Basis einer Bougainvillea. Ich stelle meine Schwarmkiste daneben ab und beginne, die Bienen hineinzuschaufeln. Als ich eine der Schöpfkellen auf dem Rähmchen abstelle, entdecke ich Stumpy! Sie krabbelt aufgeregt einige Sekunden lang über die anderen Bienen hinweg, bevor sie nach unten kriecht. Sofort folgt ihr der Rest des Schwarms. Sie strömen den Stamm hinunter auf die Kiste zu und marschieren direkt hinein.

Ich stelle mir vor, dass sie erleichtert sind, weil ich sie vor den Schwierigkeiten des Fluges – die Verantwortung, Stumpy zu eskortieren – gerettet habe, ganz gleich, welches neue Zuhause sie ausgewählt haben.

Ein kleiner
Nachschwarm

Nachschwärme

WENN ES IN GROSSEN BIENENVÖLKERN, nachdem der erste Schwarm ausgeflogen ist, immer noch genügend Arbeiterinnen gibt, kann es zu einem zweiten Ausschwärmen kommen. Dieser und alle nachfolgenden Schwärme bezeichnet man als „Nachschwarm“. Sie unterscheiden sich vom ersten Schwarm auf zweierlei Art: Ein Nachschwarm ist gewöhnlich kleiner und enthält statt einer erwachsenen eine frisch geschlüpfte Königin. Ein einziges Bienenvolk kann in den Wochen, die auf das erste Schwarmereignis folgen, vier oder fünf Nachschwärme bilden.

Obwohl diese Königinnen dem Überlebenskampf entronnen sind, warten trotzdem verschiedene Herausforderungen auf sie. Die heimatlosen Bienen sind besonders durch schlechte Witterung, Fressfeinde und – in erster Linie – durch die Dauer des Schwärmens gefährdet. Jede Biene trägt in ihrer Honigblase eine kleine Menge Honig mit sich herum; Brennstoff, um den kollektiven Schwarmkörper zu wärmen und die notwendige Energie für den Bau neuer Waben aufzubringen. Mit jedem Tag, der vergeht, werden die Honigreserven kleiner – und damit verringern sich auch die Überlebenschancen des Volkes. Die Bienen müssen einen Nistplatz finden und mit ihrer Arbeit beginnen, ehe die Vorräte gänzlich aufgebraucht sind.

Ein großer Schwarm hat natürlich bessere Chancen, diesen Kraftakt zu bewältigen. Seine beträchtliche Zahl von Individuen sorgt sowohl für ausreichend Arbeitskraft als auch für genügend Honig – eine Situation, die dem Schwarm gleichzeitig mehr Zeit gewährt.

Ein Nachschwarm ist nicht nur hinsichtlich seiner Größe im Nachteil, sondern auch deshalb, weil seine Königin noch nicht begattet wurde. Es kann bis zu drei Wochen dauern, ehe die neu Königin mit der Eiablage beginnt. Während dieser Zeit wird das ohnehin schon bescheidene Bienenvolk weiterhin schrumpfen; es gibt keine neue Generation von Arbeiterinnen, um diejenigen zu ersetzen, die sterben.

Ich bin häufig auf Schwärme gestoßen, die gerade mal einen Durchmesser von 12 bis 15 cm erreicht haben, was bei mir mitleidige Blicke auslöste. Selbst mit der Unterstützung eines Imkers hat ein Schwarm von dieser geringen Größe so gut wie keine Überlebenschancen.

Ein einziges Bienenvolk kann in den Wochen, die auf das erste Schwarmereignis folgen, vier oder fünf **NACHSCHWÄRME** *bilden.*

Der Gesang der Königin: tüten und quaken

EIN BIENENSTOCK IST IN DER REGEL durch lautes Summen und Brummen charakterisiert, daher werden Sie überrascht sein, wenn Sie im Frühjahr ein lautes Quaken hören. Dies ist der seltsame Ruf einer neuen Königin. Königinnen verfügen über eine Palette an unterschiedlichen Tönen, die man als „Gesang" umschreibt. Man hört sie für gewöhnlich während der Schwarmzeit, wenn es mehrere Königinnen gleichzeitig im Stock gibt.

Eine frisch geschlüpfte jungfräuliche Königin

Es gibt zwei unterschiedliche Arten von Tönen. Den ersten bezeichnet man als Quaken, und er ähnelt tatsächlich den Lauten einer Ente. Eine Königin gibt dieses Quaken nur dann von sich, wenn sie noch in ihrer Zelle ist. Sie presst ihre Flügel gegen die Wand der Zelle und bringt so eine Reihe kurz schwingender Töne hervor: quack, quack, quack! Während das menschliche Gehör diese Geräusche als Quaken vernimmt, werden sie von den Bienen über ihre Extremitäten als Vibrationen der Wabe wahrgenommen.

Nachdem die Königin geschlüpft ist, gibt sie einen etwas anderen Ton von sich, den Imker als Tüten bezeichnen. Dieser Laut kann nicht nur vernommen, sondern sogar beobachtet werden. Die junge Königin, die in der Regel mit einer irren Geschwindigkeit durch den Stock läuft, legt plötzlich eine Pause ein und senkt ihren Körper auf die Wabe ab, als würde sie einen Liegestütz machen. Anschließend stößt sie einen langgezogenen deutlichen Schrei aus, auf den ein mehrfaches kurzes Tüten folgt. Die Arbeiterinnen um sie herum stoppen ebenfalls ab und verharren bewegungslos, solange die Königin diese Laute ausstößt.

Es gibt hinreichende Vermutungen, dass dieser Gesang eine Art Kampfruf darstellt oder zumindest eine Möglichkeit für die Königin, um ihre Anwesenheit kundzutun. Er löst als Antwort häufig ein Quaken von Königinnen aus, die noch in ihren Zellen sind, und in manchen Fällen zögern diese ihr Schlüpfen freiwillig hinaus, wenn sie diese Laute vernehmen. Aus diesem Grund nimmt man an, dass dieser Wechselgesang dazu dient, Kämpfe zwischen den Königinnen zu vermeiden. Die noch nicht geschlüpften Königinnen geben der bereits geschlüpften die Möglichkeit, mit einem Nachschwarm den Stock zu verlassen, anstatt ihnen im Kampf gegenüberzutreten. Gelegentlich zeigen sogar erwachsene Königinnen dieses Verhalten und geben Laute von sich, aber man weiß bis heute noch nicht genau, warum sie das tun.

Die eingesperrte Königin

OBWOHL SICH DIE ARBEITERINNEN nicht dadurch in den Kampf der Königinnen einmischen, dass sie ihren Stachel benutzen, können sie dennoch den Ausgang auf andere Art und Weise beeinflussen. Beispielsweise können sie noch nicht geschlüpfte Königinnen in ihren Zellen einsperren und das Schlüpfen verhindern: erstens, indem sie die Schlitze, die die Königin in die Zellwand gebissen hat, wieder mit Wachs verschließen und zweitens, indem sie ihren Kopf gegen den Wachsdeckel der Zelle pressen und damit den Ausgang für die Königin verschlossen halten.

Der Grund für dieses Verhalten ist bis heute noch nicht bekannt, aber es scheint, dass diese Arbeiterinnen zuerst die älteste Königin freilassen, anschließend die zweitälteste und so weiter. Aus dieser kontrollierten Freisetzung der Königinnen ergibt sich eine Reihe von Nachschwärmen. Eine Königin, die eingesperrt war, ist häufig in der Lage, sofort nach dem Schlüpfen mit einem Scharm davonzufliegen, da ihre Entwicklung in der Zelle fortgeschritten ist. Eine junge Königin, die nicht eingesperrt wurde, benötigt dagegen 24 Stunden, bevor sie kräftig genug ist, um einen Flug zu wagen.

Es wurde auch beobachtet, dass Arbeiterinnen auf den Zellen von Königinnen, die kurz vor dem Schlüpfen standen, und auch auf frisch geschlüpften Königinnen vibrierende Tanzbewegungen vollführt haben. Es sind noch viele Fragen bezüglich dieses geheimnisvollen Tanzes offen, aber zumindest scheint es, dass Königinnen nach einer solchen Behandlung öfters als Siegerinnen aus den Kämpfen um Leben und Tod hervorgehen als diejenigen, denen sie nicht zuteilwurde.

EINE ÜBERRASCHUNG

Bienen lieben es, ihre Nester in Eulenkästen zu bauen. Ich habe sogar schon gehört, dass sie eine Eulenfamilie aus ihrem Heim vertrieben und den Nistkasten gewaltsam übernommen haben!

Ich bin gerade dabei, eines dieser Völker aus einer Eulenresidenz in einen angemessenen Bienenstock zu überführen, als ich eine Weiselzelle entdecke. Ich drehe mich zu meinem Praktikanten um und erkläre ihm, dass diese erdnussgroße Ausbuchtung ein Anzeichen dafür ist, dass das Volk in Kürze ausschwärmen wird oder dass es bereits geschwärmt hat.

Als ich die Waben vorsichtig von den Wänden des Eulennistkastens entferne und in hölzerne Rähmchen einbringe, finde ich noch weitere gedeckelte Weiselzellen – und zwar fast in jeder Wabe!

Ich muss die Augen zusammenkneifen wegen des hellen Lichts, während ich nach Eiern suche. Wenn ich in den Waben welche finden kann, muss die alte Königin noch im Stock sein und kann noch nicht mit dem Schwarm ausgeflogen sein.

Keine Eier. Die Königin ist bereits ausgeflogen. Während sich das Zählen der Weiselzellen hinzieht – 5, 10, 16 –, versuche ich, mir die epische Schlacht auszumalen, die hier in diesem Eulennistkasten bevorsteht. Frisch geschlüpfte Königinnen müssen auf Leben und Tod miteinander kämpfen; es kann nur eine Königin im Stock geben.

Dennoch kommt es mitunter vor, dass eine junge Königin beschließt, selbst einen Schwarm um sich zu scharen und lieber davonzufliegen als zu kämpfen. In meinem Gebiet zählen große Völker zu den übereifrigen Schwarmbildnern und schicken mitunter bis zu sechs Schwärme pro Woche auf die Reise!

Mit diesen Gedanken im Hinterkopf beginne ich mich zu fragen, ob wir einige der Weiselzellen aussortieren sollten, um zu verhindern, dass dieses Volk zu viele Schwärme bildet. Es könnte ansonsten zu stark geschwächt werden. Ich wähle eine gedeckelte Weiselzelle aus, halte sie meinem Praktikanten hin und erkläre ihm meine Überlegungen.

„Wann wird diese Königin ausschlüpfen", fragt er. „Ich weiß es nicht. Es könnte jede Minute so weit sein", antworte ich – und tatsächlich, genau in diesem Augenblick fliegt der runde Deckel davon und eine junge Königin schlüpft aus der Zelle. Wir schauen uns verblüfft an, brechen in Gelächter aus und geleiten sie rasch in ihr neues Zuhause.

Eine Sekunde lang denken wir daran, was sie hier erwartet, gerade jetzt, wo wir so viele weitere Weiselzellen umgesetzt haben. Manchmal ersticht die zuerst geschlüpfte Königin alle anderen durch die Zellwände hindurch. Auf diese Weise verhindert sie einen Kampf auf Leben und Tod und macht ihn unnötig, noch bevor er ausbrechen kann.

Diese Gedanken schiebe ich jedoch schnell beiseite, als zwei weitere Jungköniginnen aus der nächsten Wabe auftauchen. Anscheinend schlüpfen sie alle zur selben Zeit. Ich beschließe, auch sie in die Schwarmkiste zu transferieren; sollen die Bienen das doch unter sich regeln. Vorwärts, Kriegerinnen!

Überzählige Königinnen

WENN VIELE JUNGE KÖNIGINNEN gleichzeitig schlüpfen, kann es vorkommen, dass ein Schwarm mit zahlreichen Königinnen losfliegt. Noch benommen vom Schlüpfvorgang, werden sie von der Erregung des Schwarms mitgerissen und taumeln mit den restlichen Bienen aus dem Stock. Ein Schwarm mit überzähligen Königinnen teilt sich normalerweise in mehrere kleinere Schwärme auf, wenn er landet, um zu rasten. Die Arbeiterinnen verteilen sich selbstständig auf die Königinnen – sie scharen sich um diejenige, die sie bevorzugen.

Mitunter stoße ich auf Zwillingsschwärme, die ungefähr die gleiche Größe aufweisen und am selben Ast hängen, oder auch auf einen durchschnittlich großen Schwarm mit mehreren kleineren von der Größe eines Softballs in der Nähe. Jeder Teilschwarm hat seine eigene Königin. Wenn sich der Schwarm mit den überzähligen Königinnen nicht teilt, sehen sich die unglücklichen Königinnen zweimal ihrem üblichen Schicksal gegenüber. Sie müssen das Schwärmen überleben und trotzdem einen Kampf auf Leben und Tod durchstehen, sobald sich der Schwarm niederlässt.

Obwohl ein solches Szenario kaum bekannt ist, glaube ich, dass sich manchmal Schwärme aus verschiedenen Völkern in der Luft begegnen und zu einem Schwarm mit mehreren Königinnen vereinigen. Ich vermute, dass dies rein zufällig passiert, und ich kann es mir gut vorstellen in einem Bienenstand, in dem viele Völker relativ nah beieinander leben. Wenn zwei oder mehr Schwärme zum selben Zeitpunkt ausfliegen, können sie sich leicht miteinander mischen.

Diese Schwarmtypen lassen sich anhand ihres aufgeregten Verhaltens unterscheiden. Normalerweise ist ein Schwarm in der Ruhephase träge und still, aber diese sind auch nach der Landung aufgeregt und unruhig. Die Schwarmtraube wechselt unablässig die Form, wobei kleine Haufen von Bienen zu Boden fallen. Einzelne Arbeiterinnen können in die Kämpfe verwickelt werden, und die Körper der Unterlegenen liegen verstreut in der Umgebung.

Ein weiterer Unterschied besteht darin, wie die Königinnen behandelt werden. Unter normalen Umständen, wenn Königin und Arbeiterinnen alle demselben Volk entstammen, spaltet sich der Schwarm entweder in mehrere Schwärme auf, um die Königinnen zu trennen, oder sie tragen einen Kampf aus. In diesem Fall sind die Arbeiterinnen nicht direkt involviert. Wenn sich jedoch Schwärme verschiedener Völker mischen, zeigen die Arbeiterinnen ein aggressives Verhalten gegenüber den fremden Königinnen und töten sie. Ich habe dieses Szenario bisher nur zweimal beobachtet (siehe auch Seite 92, Kapitel „Der Abschied").

Ein riesiger Schwarm mit zahlreichen Königinnen

DIE KÖNIGIN IM TOYOTA PRIUS

Mein Bruder und ich sind gerade dabei, ein Bienenvolk umzusiedeln, das sein Nest auf der Unterseite eines kräftigen Astes errichtet hat. Es hängt sehr hoch, gut versteckt unter einem Blätterdach, ca. sechs Meter über dem Gehweg.

Mein Bruder steht auf der obersten Sprosse einer Leiter und reicht mir ein großes Stück Wabe herunter. Es ist überraschend heiß und schwer, wie ein frisch zubereiteter Pfannkuchen, der vor Honig trieft. Er arbeitet schnell und zielgerichtet, während ich noch an den Details hänge. Ich lache und winke einem neugierigen Passanten. Ich bezweifle, dass irgendjemand vor uns das Bienennest bemerkt hat, aber jetzt verlangsamt fast jeder Vorbeifahrende seine Geschwindigkeit und starrt zu uns und der Bienenwolke herüber, die wir aufscheuchen.

Die Sammelbienen werden an den Platz zurückkehren, an dem ihr Nest war, selbst wenn es mittlerweile entfernt ist. Deshalb müssen wir die Schwarmkiste mit den umgesetzten Waben so nah wie möglich an diesem Ast platzieren. Unglücklicherweise befindet sie sich gute sechs Meter unter dem ursprünglichen Nistplatz. Die verwirrten Bienen haben bereits begonnen, herumzuschwirren und das Gebiet abzusuchen, aber sie können die Schwarmkiste nicht finden.

Ich halte inne und schaue mir ihre Bewegungen an, als mir eine Gruppe Bienen auffällt, die vom Rest getrennt ist. Sie umschwirren meinen Toyota Prius! Mein Bruder sieht nach: „Unter deinem Wagen sind viele Bienen, aber die Königin ist nicht dabei“, ruft er.

Die Königin muss darunter sein, sonst hätten sich nicht so viele Bienen so weit vom übrigen Volk entfernt. Ich kauere mich hin, um eine große Traube Bienen auf dem Boden neben dem Auto zu untersuchen. Mein Bruder hat recht. Sie ist nicht dabei. Es ist gewagt, aber manchmal kann ich tatsächlich die Königin ausmachen, wie sie mitten in diesem Chaos herumfliegt.

Dann erblickt sie mein Bruder. Sie ist auf der anderen Seite des Autos, in einer kleineren Traube aus Bienen, und sie rennt auf dem Asphalt herum. Ich bin erfreut, trotz der Absurdität des Augenblicks, und mache Fotos, während mich mein Bruder drängt, endlich etwas zu unternehmen. Wir sollten glücklich sein, dass sie nicht überfahren wurde, warnt er. Ich teile seine Meinung, lese sie rasch mit meiner behandschuhten Hand

---

Dann erblickt mein Bruder die Königin.
Sie ist auf der anderen Seite des Autos, in einer kleineren Traube aus Bienen,
und sie **RENNT AUF DEM ASPHALT HERUM.**

auf und setze sie zurück zu ihrem Volk in die sichere Schwarmkiste.

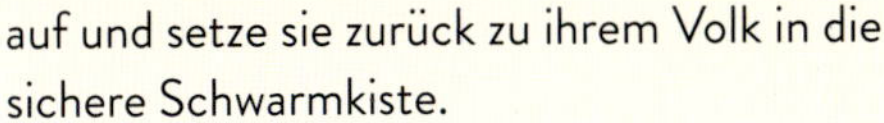

Unglücklicherweise breitet sich ihr Duft überall in meinem Auto und darum herum aus. Eine zunehmende Anzahl irritierter Bienen kommt dort zusammen. Ich packe meine Kamera wieder aus und lasse mich von dem munteren Treiben ablenken, während mein Bruder vergeblich versucht, weitere Bienen davon abzuhalten, sich am falschen Ort zu sammeln.

Plötzlich durchzuckt mich der Gedanke, dass der Duft der Königin ja auch an meiner Hand kleben muss, da ich sie in die Schwarmkiste getragen habe. Ich setze mich auf die Bordsteinkante neben meinem Wagen und strecke vergnügt meine Hand aus. Sofort beginnen die Bienen, darauf zu landen, und nach einigen Minuten ist meine Hand vollkommen eingehüllt. Ich stehe auf, gehe langsam mit ausgetreckter Hand zurück und bringe die Bienen nach Hause.

Als Zugabe bewege ich mein Auto und lasse die letzten verwirrten Bienen in der Luft über der Straße kreisen. Dank meinem anziehenden Königinnenduft dauert es nur ein paar Minuten, bis sie ihre Königin gefunden haben. Ich schaue zu, wie die kleiner werdende Wolke sich bei der Königin in ihrem neuen Heim einfindet.

Hochzeitsflug

SOBALD EINE JUNGFRÄULICHE KÖNIGIN IHRE RIVALINNEN erledigt hat, ist es Zeit für die Begattung. Dieses Ereignis findet nur ein einziges Mal in ihrem Leben statt, und zwar in der Luft! Wenn sie zwischen drei und fünf Tagen alt ist, verlässt die Königin ihren Stock und begibt sich auf ihren Hochzeitsflug.

Wenn die junge Königin aufbricht und nach Drohnen sucht, nimmt sie eine kleine Gruppe Arbeiterinnen mit, die zur Ablenkung von möglichen Angreifern herhalten müssen. Bei diesem gefährlichen Unternehmen kann sich die Königin mehrere Kilometer von ihrem Stock entfernen; wenn sie Pech hat, wird sie nicht mehr dorthin zurückkehren. Mehr als 20 Prozent neuer Königinnen gehen auf ihrem Hochzeitsflug verloren; sie werden von Vögeln gefressen oder fallen dem Wetter zum Opfer.

Der Verlust einer neuen Königin auf diese Weise ist eine Katastrophe für das Bienenvolk. Zum Zeitpunkt des Hochzeitsfluges sind alle Larven, die von der vorigen Königin stammen, zu alt, um eine neue Königin hervorzubringen, und das Bienenvolk ist ohne Königin zum Untergang verurteilt. Wenn man die Risiken in Betracht zieht, ist es verständlich, warum Königinnen solch ein keusches Leben führen.

Trotz ihrer späteren Enthaltsamkeit paart sich eine Königin auf ihrem Hochzeitsflug – bzw. auch auf mehreren – mit bis zu 40 Drohnen. Sie benutzt eine Wolke aus Pheromonen, um die Drohnen anzulocken, dadurch zieht sie oft eine Traube aus Drohnen hinter sich her, die wie der Schweif eines Kometen aussieht. Die Drohnen drängen sich dicht an sie heran in dem Bemühen, die Begattung zu vollziehen. Wie Sie sich vorstellen können, wurde dieses Schauspeil bisher kaum beobachtet, denn es findet schließlich im Flug in bis zu 25 m Höhe statt.

Ein erfolgreicher Drohn dockt während des Fluges von hinten an die Königin an, und nach einem kurzen Moment der Passivität reißt eine gewaltige Ejakulation seinen Hinterleib mit einem manchmal deutlich zu hörenden Schnappen auf. Der Geschlechtsapparat (Endophallus) des Drohns verbleibt bei der Königin, der Drohn selbst fällt zu Boden und stirbt. Der abgetrennte Endophallus dient als eine Art Markierung für andere Drohnen, die durch den Duft und die ultraviolett-reflektierenden Eigenschaften angezogen werden.

Eine tote Drohne nach erfolgreicher Paarung mit herausgerissenem Geschlechtsorgan

Jeder Paarungsakt dauert nur wenige Sekunden, doch jeder Drohn kann bis zu zehn Millionen Spermien liefern. Die Königin speichert Sperma von jedem Drohn, mit dem sie sich paart, in einem speziellen Organ, der sogenannten Samenblase. Sie kann es ihr Leben lang nutzen.

Es ist nicht ungewöhnlich, wenn eine Königin zwei oder sogar drei Hochzeitsflüge in einem Zeitraum von mehreren Tagen unternimmt, aber sobald die Samenblase gefüllt ist, wird sie nicht wieder versuchen, sich zu paaren. Tatsächlich scheint es, dass Königinnen nicht mehr zur Paarung in der Lage sind, sobald sie ein Alter von 20 Tagen erreicht haben.

BIENEN IN EINEM SCHNELLBOOT

Heute Abend habe ich zwar etwas vor, aber als ich einen Anruf von einer Frau bekomme, ich solle doch die Bienen entfernen, die in ihrem Boot wohnen, kann ich nicht widerstehen. Bald stehe ich im Heck eines eleganten Schnellboots und schlüpfe in meinen Schutzanzug, während ich die Bienen beobachte, wie sie aus einem kleinen Loch herausfliegen. Ich ziehe den falschen Schluss, dass diese Umsetzung nicht lange dauern wird, und verzichte darauf, meine Freunde zu informieren. Allerdings bin ich es gewohnt, Gipsputz oder morsches, von Termiten zerfressenes Holz aufzubrechen, aber keine makellosen Boote!

Ich versuche, mir die Bienen im Inneren vorzustellen, geschützt von den spiegelglatten Wänden des hellorangefarbenen Schiffsrumpfs. Und ich bin nicht sicher, ob ich sie retten kann. Die Frau erzählt mir, dass ihr Ehemann vergessen habe, die Ablassschraube wieder einzusetzen. Dadurch konnten die Bienen ins Innere gelangen. Jetzt möchte er das Boot zu Wasser lassen und sie ertränken.

Das Bienenvolk ist bereits seit einigen Wochen an Ort und Stelle und hat sich entsprechend eingerichtet. Es wird eine ziemliche Herausforderung, die Bienen wieder aus dem Boot zu locken, denn mittlerweile haben sie bestimmt schon Waben mit Brut in ihrem

Stock, und die wird die Königin nicht so ohne Weiteres verlassen. Ich gehe in Gedanken alle Möglichkeiten durch, wie ich sie umsetzen könnte, aber keine überzeugt mich; schließlich entscheide ich mich für Rauch.

Ich stelle ein alternatives Zuhause für die herumschwirrenden Sammelbienen auf: eine kleine hölzerne Schwarmkiste mit leeren Waben im Inneren. Ich halte meinen Smoker an die Ablassschraube; er passt perfekt. Ich pumpe kräftig mit dem Blasebalg, sodass mehrere Sekunden lang Rauch ins Innere des Bootsmotors strömt, und dann – ergießt sich ein Strom von Arbeiterinnen aus dem Loch. Es funktioniert! Alle paar Minuten wiederhole ich den Vorgang, und ein neuer Schwung Bienen taucht auf.

Mittlerweile befinden sich eine Menge Bienen in meiner Schwarmkiste, aber die Königin habe ich bis jetzt noch nicht entdecken können. Ich bin mir ziemlich sicher, dass sie sich immer noch im Bootsinneren aufhält. Von Anfang an hatte ich meine Zweifel, dass es mir gelingen würde, sie von ihrer Brut zu trennen. Ich brauche eine Pause und lasse die Schwarmkiste an ihrem Platz in der Hoffnung, dass die Bienen ohne mich vorankommen. Ungeduld führt nicht zum Ziel.

Bei Anbruch der Dunkelheit komme ich zurück mit der Befürchtung, dass ich die Königin wahrscheinlich zurücklassen muss.

Ich stelle mir vor, wie sie im Bootsrumpf eingeschlossen ist, während der Ehemann der Frau das Boot auf den See hinausfährt und das Wasser steigt. Als ich jedoch das Heck des Bootes erreiche, sehe ich eine flache zitternde Masse aus Bienen auf dem Boden neben meiner Schwarmkiste.

Sofort ist mir klar, dass die Königin darunter ist. Werde ich einen leblosen Körper finden, erstickt durch den Einsatz von Rauch, oder einen plumpen königlichen Flüchtling, der darauf wartet, umgesetzt zu werden? Ich beobachte das Ganze mehrere Herzschläge lang, bevor ich die Königin entdecke. Ihr leuchtender Hinterleib gleitet über die anderen Bienen, und aufgeregt setze ich sie in meine Kiste. Ich fühle mich euphorisch. Und ich komme nur ein kleines bisschen zu spät zum Treffen mit meinen Freunden.

Das Bienenvolk ist bereits seit einigen Wochen an Ort und Stelle und hat sich entsprechend eingerichtet. Ich gehe in **GEDANKEN ALLE MÖGLICHKEITEN** *durch, wie ich die Bienen umsetzen könnte, aber keine überzeugt mich.*

DIE BIENEN-HAND

Ich bin immer noch eine Anfängerin in der Bienenzucht, aber ich habe bereits sechs Bienenstöcke in meinem Garten aufgestellt und übernehme jetzt einen Schwarm, der mir in einer Pappschachtel gebracht wird, in der einzelne Waben lose übereinanderliegen.

Missbilligend rümpfe ich meine Nase, während ich das Bienenvolk in eine geeignetere Unterkunft überführe. Zwischen die Waben sind abgebrochene Stücke von Laugenbretzeln als Abstandhalter eingefügt. Die Bienen scheinen trotz allem gesund und munter zu sein, also baue ich ihre Waben in Rähmchen ein.

Als ich das nächste Mal nach ihnen schaue, sind sie nicht länger in ihrem Bienenstock. Sie haben sich in einem kleinen Haufen am Zaun zusammengeschart. „Was macht ihr da?", frage ich laut, bevor ich sie vorsichtig wieder in ihre Schachtel zurücksetze.

Am folgenden Nachmittag haben sie erneut ihre Schachtel verlassen. Dieses Mal krabbeln sie am Boden und gruppieren sich um einige Baumwurzeln. Allerdings funktioniert das Umsetzen nicht so einfach. Ich muss sie portionsweise transportieren, immer eine Handvoll gleichzeitig. Ich grabe mit meinen behandschuhten Fingern in dem Haufen und nehme behutsam einen Schwung Bienen heraus. Ich lasse mir einen Moment Zeit, um die kleine Gruppe in meiner Hand zu beobachten, und plötzlich sehe ich, dass die Königin darunter ist. Sie läuft erregt über die anderen Bienen und erforscht meine Handfläche und meine Finger. Ich bringe sie zur Kiste zurück und hole eine weitere Handvoll.

Sobald ich meine Hand senke, beginnen die Bienen, in ihre Richtung zu laufen. Sie branden dagegen und bilden eine große Traube auf meiner Hand. Die Schicht aus Bienen wird mit jeder Sekunde dicker, und meine Hand fühlt sich durch das Gewicht der Bienen immer schwerer an.

Ich bin verblüfft und glücklich zugleich. Der Duft der Königin muss noch an meiner Hand haften! Ich rufe nach meinen Mitbewohnern, damit sie sich den lebenden Handschuh ansehen können. Als sie im Fensterrahmen auftauchen, winke ich ihnen lachend mit meiner Bienenhand zu.

Nach ein paar Minuten senke ich meine Hand in die Schachtel, aber die Bienen weigern sich, hineinzugehen. Mir bleibt nichts übrig, als sie vorsichtig abzuschütteln. Schließlich wird ihnen klar, dass sich ihre derzeitige Königin in der Schachtel befindet, und meine Bienen-Hand beginnt sich aufzulösen. Um sie dazu zu bringen, in ihrem neuen Heim zu bleiben, gebe ich ihnen ein Rähmchen mit fertigen Waben von einem meiner anderen Völker, die etwas Honig und frisch gelegte Eier enthalten.

Ich habe niemals herausgefunden, warum den Bienen ihr neues Heim so wenig gefiel. Ich vermute, dass sie ihre Waben nicht länger benutzen wollten, nachdem sie von dem anderen Imker so gedankenlos behandelt wurden. Und vielleicht hatte ich recht, denn mit den neuen Waben hat es wunderbar geklappt. Sie blieben an Ort und Stelle.

29

30

27

22

Eine gewaltige Aufgabe

SOBALD DIE KÖNIGIN IN DEN BIENENSTOCK ZURÜCKGEKEHRT IST, wird sie ihn bis zum nächsten Frühjahr nicht mehr verlassen, wenn für ihr Volk eine neue Schwarmzeit anbricht. In den ersten drei Wochen der Eiproduktion schwellen ihre Eierstöcke zunehmend an und schließen ihre Entwicklung ab. Das Aussehen der Königin verändert sich in dieser Zeit deutlich. Ihr Körper wird länger und dicker, wenn sich ihr ursprünglich schmaler und kurzer Hinterleib in eine gewaltige Eierlegemaschine verwandelt.

Eine Königin kann bis zu 3000 Eier pro Tag legen, aber die tatsächliche Zahl unterliegt großen Schwankungen. Die meisten Königinnen schaffen es in der Hochsaison auf 1500 Eier pro Tag, das bedeutet eine Rate von ein bis zwei Eiern pro Minute. Die Königin kann so viele Eier legen, wie es dem Gewicht ihres eigenen Körpers entspricht! Dennoch wird eine Königin nicht mehr Eier produzieren, als ihr Volk versorgen kann. Die Eiproduktion wird durch die Population, die Jahreszeiten und das Nahrungsangebot beschränkt.

An den meisten Tagen wandert die Königin im Bienenstock umher und sucht nach leeren Zellen, in die sie ein Ei ablegen kann. Zuvor steckt sie ihren Kopf in die Zelle und misst mit ihrem Vorderbein die Breite aus. Im Allgemeinen errichten Bienen zwei unterschiedlich große Zellen: Die größeren sind während der Paarungszeit im Frühjahr für die Drohnen reserviert, wenn die männlichen Bienen benötigt werden, doch in der übrigen Zeit dienen sie oft zur Aufbewahrung von Honig. Die Arbeiterinnen werden in kleineren Zellen aufgezogen, die im Bienenstock viel häufiger vorkommen; auch sie können manchmal Pollen oder Honig enthalten.

Eine gesunde Königin legt ihre Eier in konzentrischen Kreisen ab. Sie beginnt mit der Eiablage im Zentrum der Wabe und arbeitet sich langsam nach außen. Aus diesem Grund zeigt ein kräftiges zentriertes Muster häufig die gesamte Palette im Lebenszyklus der Brut an. Die ältesten Larven befinden sich im Zentrum, umgeben von jüngeren und kleineren. Frisch gelegte Eier findet man meist an den äußeren Rändern der Wabe.

Das Alter eines Eies kann man danach bestimmen, wie aufrecht es steht. Wenn die Königin ein Ei legt, verschmilzt es zunächst mit dem Boden der Zelle und steht auf einem Ende. In den nächsten drei Tagen verändert es allmählich seine Lage, neigt sich etwas zur Seite, bis schließlich eine winzige Larve ausschlüpft.

Während des Legeprozesses wird die Königin von einer kleinen Gruppe Arbeiterinnen begleitet, die als Ammenbienen oder „Hofstaat“ bezeichnet werden. Sie folgen ihr und umringen sie, wenn sie ein Ei nach dem anderen legt. Sie sind außerdem dafür verantwortlich, die Königin zu pflegen und zu füttern, die sich ihr ganzes Leben hindurch von Gelée royale ernährt.

Die Menge an Nahrung, die eine Königin benötigt, nimmt mit der Eiproduktion zu. Je mehr Eier sie legt, desto mehr muss sie gefüttert werden. Eine Königin macht häufig Essenspausen: Sie kann nur zwei oder bis zu 26 Eier zwischen zwei Fütterungen legen. Eierlegen ist eine Arbeit, die hungrig macht!

Obwohl es ihr Name andeutet, herrscht eine Königin nicht in traditionellem Sinn über ihr Volk. Fast alles, was im Stock passiert, beruht auf der Wirkung von Pheromonen. Diese Duft- und Lockstoffe sind chemische Signale, die der Kommunikation dienen und von jedem Mitglied des Bienenstocks produziert werden, sogar von den Eiern! Pheromone werden bei Brutpflege, Schwärmen, Paarung, Navigation, Verteidigung u.v.m. eingesetzt. Allerdings übt die Königin dank der besonderen Mischung ihrer Düfte den stärksten Einfluss auf das Leben des Bienenvolks aus. Erst ihre Anwesenheit bringt Ordnung in den Stock und gibt dem Bien einen Sinn.

Königinnensubstanz

Eines der wichtigsten und am besten erforschten Pheromone der Königin ist das sogenannte Mandibeldrüsensekret, umgangssprachlich als Königinnensubstanz bezeichnet. Es sorgt für einen kräftigen Duft, der verschiedene Funktionen erfüllt, aber in erster Linie dem Bienenstock vermitteln soll, dass die Königin wohlauf ist. Arbeiterinnen, die mit der Königin in Kontakt kommen, nehmen diesen Duft auf und verbreiten ihn im gesamten Stock.

Im Leben einer Königin wird dieses Pheromon das erste Mal eingesetzt, um während des Hochzeitsfluges Drohnen anzulocken. Sobald die Königin begattet ist und Eier legt, verwendet sie es erneut, um ihren Hofstaat um sich zu versammeln, der ihre Fütterung und Pflege übernimmt. Weitere Aktivitäten von Arbeiterinnen, die teilweise durch die Königinnensubstanz stimuliert werden, sind Reinigung, Wabenbau, Wachdienst, Futtersuche und Brutpflege.

Da die meisten dieser Aufgaben auch in einem Volk ohne Königin ablaufen, nimmt man an, dass die Pheromone eher als Stimulator und weniger als Auslöser für diese Verhaltensweisen dienen. Es ist nicht überraschend, dass die meisten dieser geringfügigen Verhaltensänderungen anscheinend mit der Brutpflege verbunden sind. Zum Beispiel produzieren Arbeiterinnen, die mit dem Pheromon in Berührung kommen, mehr Wachs – was dazu dient, dass mehr Eier untergebracht werden können. Bei Sammelbienen hat sich gezeigt, dass sie bei Anwesenheit des Pheromons mehr Pollen eintragen, der einen wichtigen Bestandteil der larvalen Ernährung bildet.

Arbeiterinnen-Eier

Eine fruchtbare Königin beeinflusst nicht nur das Verhalten der Arbeiterinnen, sondern verändert auch ihre Physiologie. Da die Arbeiterinnen weiblich sind, besitzen

Arbeiterinnen scharen sich um die Königin, wahrscheinlich um Königinnensubstanz aufzunehmen und zu verbreiten.

sie ebenfalls Eierstöcke, doch diese Organe bleiben inaktiv unterentwickelt und inaktiv, solange die Königin für Nachkommen sorgt. Es hat sich herausgestellt, dass ein Pheromon, dass nicht direkt von der Königin, sondern von den Larven abgegeben wird, die Eiproduktion bei Arbeiterinnen unterdrückt; auf diese Weise wird sichergestellt, dass die Königin als Einzige im Bienenvolk reproduktiv tätig ist.

Wenn die Königin keine Eier mehr legt oder stirbt und nicht durch eine neue Königin ersetzt wird und wenn es schon über längere Zeit keine Brut mehr im Stock gegeben hat, kommt es zur Unordnung im Volk, und Arbeiterinnen beginnen, Eier zu legen.

Ein Bienenvolk, in dem Arbeiterinnen Eier legen, kann leicht an der Zahl der Eier pro Zelle ausgemacht werden. Eine begattete Königin legt ihre Eier in einem bestimmten Muster, immer ein Ei am Boden der Zelle, während Arbeiterinnen ihre Eier eher unregelmäßig verteilen. Sie legen sie auch in Pollenzellen oder in Zellen, in denen bereits andere Arbeiterinnen ein Ei deponiert haben, sodass mitunter bis zu

Wenn Arbeiterinnen Eier legen, kann eine Zelle mehrere Eier und in manchen Fällen sogar mehrere Larven enthalten.

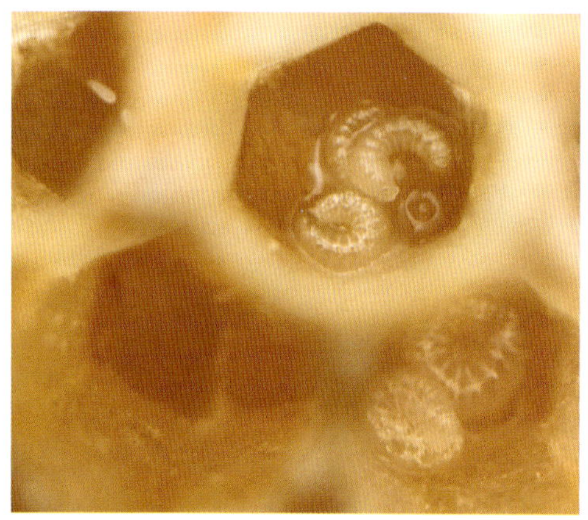

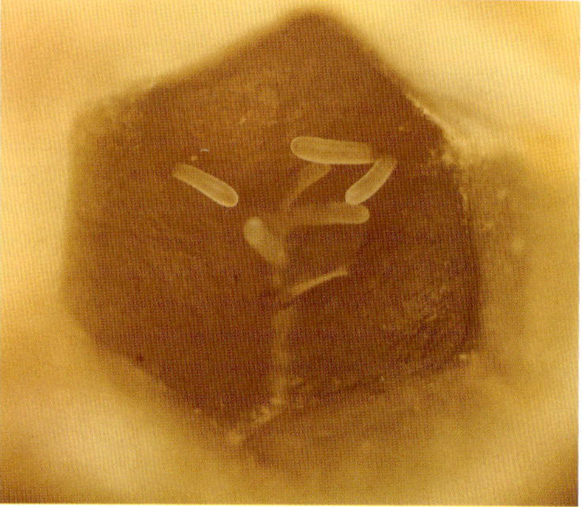

zehn Eier in einer einzigen Zelle vorkommen. Das Problem ist, dass sich Arbeiterinnen nicht paaren können und deshalb nur unbefruchtete Eier legen, aus denen sich Drohnen entwickeln.

Zu guter Letzt ist ein Bienenvolk, in dem nur noch Arbeiterinnen Eier legen, zum Untergang verurteilt, wenn mehr und mehr Arbeiterinnen sterben und nur noch durch Drohnen ersetzt werden. Doch trotz dieser Aussichtslosigkeit kämpft das Volk weiter ums Überleben. Der Überschuss an Drohnen kann als allerletzte Anstrengung betrachtet werden, die genetische Linie der toten Königin zu erhalten, denn wenigstens die Drohnen, die von den Arbeiterinnen hervorgebracht wurden, geben das Erbgut der Königin weiter.

Duft und Schwärmen

Viele Forscher vermuten, dass die Königinnensubstanz auch eine wichtige Rolle beim Auslösen des Schwarmverhaltens spielt, indem sie aktiv die Aufzucht von Königinnen unterbindet. Solange die Konzentration dieses Pheromons im Bienenstock ausreichend hoch ist, legen die Arbeiterinnen keine Weiselzellen an als Vorbereitung für das Ausschwärmen; doch wenn das Bienen-

Eine Arbeiterin aus einem Schwarm signalisiert mithilfe eines Pheromons, wo sich die Königin befindet.

volk wächst, wird es immer schwieriger, das Pheromon überall im Stock zu verteilen. Wenn der Bien zu viele Individuen hat, erhalten einfach nicht mehr alle die Signale der Königin und beginnen, Weiselzellen am Rand der Waben zu bauen, wodurch der Schwarmprozess in Gang gesetzt wird.

Sobald die Königin mit dem Schwarm den Stock verlässt, kommt die Königinnensubstanz wieder zum Tragen, und zwar dieses Mal als Lockmittel, um den Schwarm zusammenzuhalten. Wenn sich ein Bienenschwarm niederlässt, bilden die Arbeiterinnen einen schützenden Haufen um ihre Königin. Ihre Duftstoffe sind in dieser Zeit so stark, dass sie sich leicht auf andere Oberflächen übertragen lassen.

Bei mehreren Gelegenheiten, nachdem ich die Königin aus einem Schwarm umgesetzt hatte, wurden meine Handschuhe zu einem höchst begehrten Objekt. Die Arbeiterinnen schwirrten herbei und bedeckten sie mit ihren Körpern, wobei sie eine dicke Schicht aus Bienen bilden. Dieselbe Methode wird von Imkern angewendet, um „Bienenbärte“ zu kreieren: Dabei werden die Pheromone der Königin verwendet, um Tausende von Bienen ans Kinn eines begeisterten Teilnehmers zu locken, wo sie eine Traube in Form eines Bartes bilden.

Umweiseln

MIT ZUNEHMENDEM ALTER DER KÖNIGIN wird der Ausstoß von Pheromonen schwächer, und das Sperma, das sie auf ihrem Hochzeitsflug aufgenommen hat, geht zur Neige. Bei den meisten Königinnen treten diese physiologischen Veränderungen im dritten oder vierten Lebensjahr auf, doch es gibt auch Fälle, in denen eine Königin noch im siebten Jahr aktiv war.

Wenn eine Königin gesund ist sowie ausreichend Eier und Pheromone produziert, wird sich ein Volk weiterhin um sie kümmern, ganz gleich, wie alt sie ist. Doch wenn ihre Leistung allmählich nachlässt oder sie krank, verletzt oder auf andere Weise eingeschränkt ist, werden die Bienen Vorkehrungen treffen, um sie zu ersetzen. Diesen Prozess bezeichnet man als „Umweiseln".

Arbeiterinnen beginnen damit, eine Weiselzelle zu bauen. Häufig wird eine vollkommen neue Zelle angelegt, die auf einer Wachshalterung befestigt ist und aus der Oberfläche der Wabe nach unten ragt. Für das Umweiseln werden weniger Zellen angelegt als für das Schwärmen; normalerweise finde ich höchstens eine oder zwei. Wahrscheinlich ist das Risiko dabei geringer.

Wenn ein Volk schwärmt, verlässt die alte Königin den Stock, bevor die neue Königin schlüpft; das gesamte Risiko tragen dabei die zurückbleibenden Bienen. Sie haben nur eine einzige Chance auf eine neue Königin; wenn sie scheitern, sind die verbleibenden Larven zu alt. Deshalb ziehen sie ein Dutzend neuer Königinnen heran in der Hoffnung, dass wenigstens eine lebensfähige darunter ist. Während des Umweiselns ist dagegen die alte Königin noch im Stock, legt weiterhin Eier, bis ihr Ersatz herangewachsen ist und sich gepaart hat.

Daher besteht keine Notwendigkeit, mehr als ein paar Königinnen heranzuziehen. Wenn die neue Königin nicht schlüpft oder von ihrem Hochzeitsflug nicht zurückkehrt, bleiben dem Volk immer noch die alte Königin und ihre Eier – und so können die Bienen einen zweiten Versuch starten.

Weiselzellen für den Notfall

Wenn das Umweiseln nicht geplant ist und die alte Königin unerwartet stirbt, bauen die Bienen eine Weiselzelle für den Notfall. Eigentlich bauen sie normalerweise mehrere davon, denn es besteht immer ein Risiko, die Königin zu verlieren.

Weiselzellen für den Notfall werden sehr schnell gebaut, normalerweise innerhalb weniger Stunden nach dem Tod der alten Königin. Die Arbeiterinnen müssen dann rasch aus den Larven auswählen, welche sie zur Königin machen wollen. Man weiß bis heute nicht genau, wie diese Entscheidung getroffen wird. Königinnen, die aus älteren Larven herangezogen werden, sind im Allgemeinen nicht so leistungsstark wie solche, von jüngeren Larven; andererseits bedeutet eine ältere Larve, dass die Bienen nicht

Eine einzelne, voll ausgestaltete Weiselzelle, die anhand ihrer Lage auf der Wabenoberfläche leicht zu erkennen ist.

Diese zahlreichen, notdürftig gebauten Weiselzellen lassen sich an ihrer charakteristischen hängenden Form gut erkennen. Gummibänder halten die Waben dieses vor Kurzem eingesammelten Bienenvolkes am Platz. Wahrscheinlich ging die Königin beim Transport verloren.

In einigen Fällen töten die Arbeiterinnen die alte Königin überhaupt nicht und Mutter- und Tochterkönigin leben mehrere Wochen oder sogar **MONATE HARMONISCH** *zusammen.*

so lange warten müssen, bis die Königin geschlechtsreif ist.

Weiselzellen für den Notfall sehen im Vergleich zu solchen, die für das Umweiseln geplant sind, eher klein und schlaff aus und haben meist eine glatte statt der normalerweise gerippten Oberfläche – eine Abweichung, die mit schwach entwickelten Königinnen korreliert wurde. Weiselzellen für den Notfall sind im Allgemeinen nicht so gut gebaut wie die „normalen", weil die Arbeiterinnen eine bereits existierende Zelle mit der darin wohnenden ausgewählten Larve in eine Weiselzelle umwandeln müssen.

Während eines geplanten Umweiselns gibt es keine Aggressionen zwischen der alten Königin und der neuen, die ihren Platz einnehmen soll. Erwachsene Königinnen zeigen nicht das gleiche Aggressionsverhalten wie jungfräuliche. Stattdessen sind die Arbeiterinnen dafür zuständig, die alte Königin zu töten.

In einigen Fällen töten die Arbeiterinnen die alte Königin jedoch nicht, und Mutter- und Tochterkönigin leben mehrere Wochen oder sogar Monate harmonisch zusammen. Die ursprüngliche Königin kann sogar weiterhin Eier legen, allerdings in einer geringeren Rate.

Obwohl häufig behauptet wird, dass es in einem Stock nur eine Königin geben kann, glauben viele Imker, dass Bienenvölker mit zwei Königinnen nicht so selten sind, diese Tatsache jedoch meist nicht bemerkt wird. Die Gemeinschaft der Bienenhalter vermutet, dass Mutter- und Tochterköniginnen bei

jedem fünften Volk vorkommen. Trotzdem wissen wahrscheinlich die meisten Imker nichts über solche Arrangements in ihren Bienenvölkern, bis sie zufällig beide Königinnen im selben Rähmchen finden.

Ich hatte einmal das Glück, dieses Phänomen bei einem meiner eigenen Völker zu beobachten. Mutter und Tochter arbeiteten Seite an Seite und hatten sogar die Gesichtern einander zugewandt (siehe dazu auch Seite 112).

Der Hitzetod

Wenn die Zeit für die Arbeiterinnen gekommen ist, ihre Königin zu töten, verwenden sie eine ungewöhnliche Waffe: Sie bilden einen dichtgedrängten Knäuel um sie herum und setzen ihre kombinierte Körpertemperatur ein, um die Königin durch die Hitze zu töten. Ihre Körper liegen dabei so dicht aneinander, dass sich dieser Knäuel in der Hand wie ein heißer stachliger Ball anfühlt.

Arbeiterinnen ballen sich um eine Königin.

Bienen nutzen elektrisch Felder. Sie geben ein seltsames knisterndes Zischen von sich, das wie eine gerissene Stromleitung klingt. Sie schlagen mit den Flügeln, drängen sich nah an die Königin und machen sie unbeweglich. Über dieses Verhalten wird manchmal als „Hitzetod“ beschrieben, aber unter Imkern heißt es „Ballenbildung“.

Bis heute weiß man noch sehr wenig über dieses Verhalten. Typischerweise ist es zu beobachten, wenn Arbeiterinnen eine fremde Königin abwehren, aber es wird auch angewendet, um in den Stock eindringende Feinde wie Wespen und Hornissen zu töten.

Eine Königin ist der Ballenbildung zum Opfer gefallen.

DER ABSCHIED

Der heutige Tag drückt schwer auf unsere Stimmung, als Sara und ich am Bienenstand ankommen. Es ist der letzte unserer gemeinsamen Arbeit. Nach einem Jahr voller aufregender Ereignisse als Bienenhalterinnen wechselt meine Praktikantin und Freundin an die Ostküste.

Während wir uns den Bienenstöcken nähern, lässt mich eine auffällige Änderung in dem üblichen Summen nach oben schauen, und ich entdecke einen gewaltigen Schwarm, der gerade dabei ist, sich auf einem nahegelegenen Brombeerstrauch niederzulassen. Ich drehe mich um und grinse Sara an. Die Bienen bieten uns ein letztes Abenteuer!

Die Bienen beginnen mit der Landung; sie bilden bereits eine gewaltige Masse. Offensichtlich ist dies kein typischer Schwarm, so riesig ist er. Erstaunlicherweise weigern sich die Bienen, sich niederzulassen. Es dauert jetzt schon eine über eine Stunde, und es gelingt uns nicht, die Bienen in unsere Schwarmkiste zu locken. Tausende bleiben weiterhin in der Luft, umschwirren uns, landen und heben wieder ab.

Fasziniert, fast meditativ betrachte ich mir die Szenerie, als ich plötzlich mehrere Tennisball-große Bienenklumpen auf dem Boden unter dem Hauptschwarm entdecke. Ich hebe einen mit der bloßen Hand auf; er fühlt sich seltsam fest und ziemlich heiß an. Die Bienen

verursachen ein lautes knisterndes Geräusch, das sich anhört, als wäre eine elektrische Leitung gerissen, und die weichen Borsten ihre Körper fühlen sich elektrisch aufgeladen an.

Ich habe über dieses Phänomen gelesen – das von Imkern als „Hitzetod“ bezeichnet wird. Die Bienen töten eine Königin in diesem dichten Klumpen, indem sie die Temperatur im Inneren so weit erhöhen, dass sie nicht länger überleben kann. Ich erzähle Sara von meiner Vermutung, und wir durchwühlen gespannt jeden Klumpen, um einen Beweis zu finden.

Es ist erstaunlich schwer, die Arbeiterinnen zu trennen. Wir ziehen an ihnen, doch sie klammern sich aneinander und gliedern sich sofort wieder in den Klumpen ein. Wir stupsen diese seltsame elastische Biomasse mehrere Minuten lang an, bis wir schließlich den Hinterleib der Königin aufblitzen sehen.

Überzeugt von meiner Theorie, sammeln wir alle „Mörderbälle“ ein, die wir finden können. Es sind 20. Ein Schwarm mit mindestens 20 Königinnen! Wir verbringen mehrere Stunden mit dem Schwarm, wundern uns über diese Ausnahmeerscheinung und versuchen, die Bienen zum Landen zu bewegen.

Es dauert bis zum Sonnenuntergang, ehe sie dazu bereit sind. Ich schaue auf und stelle überrascht fest, dass der Himmel rosafarben ist. Am nächsten Tag finde ich neun tote Königinnen, aber der Schwarm ist weitergezogen – ähnlich wie Sara. Ich werde mich an diesen Tag als ein besonderes Geschenk der Bienen erinnern.

Eine Königin zusetzen

VIELE IMKER regen in ihren Bienenvölkern zu einem bestimmten Zeitpunkt ein künstliches Umweiseln an – das heißt, sie sorgen dafür, dass die alte Königin ersetzt wird. Diese wird rasch zwischen den Fingern zerdrückt, und eine neue Königin nimmt ihren Platz ein. Es gibt mehrere Gründe dafür, eine neue Königin einzusetzen. Einige spiegeln die natürlichen Ursachen für ein Umweiseln wider, wie Alter oder Krankheit. Andere haben mehr mit den Vorlieben des jeweiligen Imkers zu tun, der beispielsweise das Temperament des Volkes kontrollieren oder die Honigproduktion steigern möchte.

Obwohl es für ein krankes oder schwaches Bienenvolk durchaus möglich ist, die Königin auf natürliche Weise selbst zu ersetzen, ist dieser Prozess schwierig und dauert mehrere Wochen. In dieser Zeit könnte das Volk noch schwächer werden, was die Chancen auf eine Erholung unter einer neuen Königin weiter verschlechtert. Aus diesem Grund entscheiden sich Imker häufig dafür, die Umstellung zu beschleunigen, indem sie selbst eine neue Königin zusetzen. Die nachlassende Königin wird entfernt, und eine neue, bereits begattete Königin nimmt ihren Platz ein, die schon nach wenigen Tagen mit der Eiablage beginnen kann.

Eine tote Königin, die vom Imker durch eine neue ersetzt worden ist

Junge Königinnen legen überschwänglich und sind bei Bienenzüchtern wegen ihrer Vitalität beliebt. Viele Imker markieren das Alter ihrer Königinnen und ersetzen sie nach dem Kalender. In großen Bienenständen wird die Königin üblicherweise jährlich ersetzt. Diese Praxis dient vor allem dazu, die Honigproduktion zu erhöhen und das Schwarmverhalten zu reduzieren, aber sie kann unerwünschte Folgen nach sich ziehen – beispielsweise das Risiko, dass die neue Königin nicht angenommen wird, oder den Ausschluss einheimischer genetischer Ressourcen. Hobby-Imker, die nur in kleinem Maßstab Bienen halten und für die ein maximaler Honigertrag keine große Rolle spielt, sind meist kritischer und gestatten ihren Königinnen, so lange zu leben, wie sie gesund sind und ausreichend Eier legen.

Eine neue Königin einzusetzen gibt dem Imker außerdem die Möglichkeit, die genetische Ausstattung des Volkes zu verändern. Jedes Bienenvolk hat seine eigenen charakteristischen Merkmale, die man bis zur Königin und zu den Drohnen, mit denen sie sich gepaart hat, zurückverfolgen kann. Wenn ein Volk beginnt, unerwünschte Verhaltensweisen zu zeigen, kann der Imker diese durch Einsetzen einer neuen Königin korrigieren, denn sie sorgt für eine Umwälzung. Jedes von ihr gelegte Ei trägt ihre Merkmale und die von den Drohnen, mit denen sie sich gepaart hat. Sobald ihre Arbeiterinnen herangewachsen sind, können sie das kollektive Verhalten im Bienenstock ändern.

DIE DURCHWEICHTE KÖNIGIN

W**ir fühlen uns erschöpft,** überall an uns klebt Honig. Unter meinem Schutzanzug bin ich schweißnass.

Ich versuche, die größte Umsetzung von Bienen zu Ende zu bringen, die ich jemals unternommen habe. Es handelt sich um einen riesigen Schwarm, der an der Decke eines verlassenen Hinterhofstudios hängt. Die Bienen haben so viele Waben gebaut, dass die Spannweite des Stocks größer ist als ein durchschnittlicher Küchentisch, und sie hängen so weit herunter wie ein Kronleuchter!

Meine drei Helfer und ich schneiden endlose Mengen von Waben heraus und übertragen sie auf hölzerne Rähmchen. Die undichten Honigwaben verstauen wir in einem Eimer, bevor wir gehen. Wie wir jemals die Königin in einem solch gewaltigen Stock finden sollen, ist mir ein Rätsel; trotzdem untersuche ich weiterhin die Waben beim Umsetzen und weise meine Helfer an, das Gleiche zu tun.

Nach mehreren Stunden Arbeit haben wir etwa drei Viertel geschafft, aber die Königin immer noch nicht gefunden. Meine Helfer fragen mich besorgt, was wir tun können, wenn wir sie nicht entdecken. Die Erfahrung hat mich gelehrt, beim Einsammeln von Schwärmen in einer Art Zen-artiger Trance zu agieren und mich nur auf die jeweilige Aufgabe zu konzentrieren. Natürlich halte ich weiter die Augen offen nach der Königin, aber ich habe es mir zur Regel gemacht, mir darum keine Sorgen zu machen, ehe nicht alle Waben umgesetzt sind.

Anfänger unter den Imkern wie meine Helfer neigen dazu, schnell nervös zu werden. Sie machen sich unentwegt Gedanken, wo sich die Königin aufhalten könnte.

Manchmal kann man die Königin mitten im Brutraum finden, damit beschäftigt, Eier zu legen. Bei einer großen Umsetzung verlässt die Königin oft den Schwarm und versteckt sich in einer schützenden Ansammlung von Arbeiterinnen.

Wir haben bereits mehrere große Bienenhaufen durchsucht, ohne auf die Königin zu stoßen, und ich kann aufgrund des Verhaltens der Arbeiterinnen sagen, dass sie sich nicht in unserer Schwarmkiste befindet. Sobald sie eintrifft, rennen die Arbeiterinnen aufgeregt zum Eingang und fächern mit den Flügeln, um ihren Schwestern eine Pheromon-Botschaft über ihren Aufenthaltsort zu schicken.

Ich überprüfe das nicht zum ersten Mal, indem ich eine Handvoll Bienen über den Eingang halte. Der matte Haufen krabbelt in alle Richtungen davon, einige klettern verwirrt meinen Arm hoch. Ich runzle die Stirn und suche die Umgebung nach Anhaltspunkten ab.

Ohne mir dessen bewusst zu sein, durchstöbere ich den Honigeimer. Darin befinden sich mehr Bienen als sonst üblich. Normalerweise achte ich darauf, die Bienen davon abzuhalten, da sie in dem flüssigen Honig am Boden ertrinken können. Meine Helfer müssen hier Waben verstaut haben, ohne vorher die Bienen abzuschütteln. Viele von ihnen sind mittlerweile unbeweglich, weil ihre Flügel und Extremitäten mit Honig verklebt sind.

Ich hebe ein tropfendes Wabenstück hoch und entdecke eine durchweichte – aber lebende – Königin darunter. Dieser „Heureka"-Moment erfüllt mich mit Freude und Dankbarkeit, und ebenso ergeht es meinen Helfern. Wieder einmal hat mich meine Intuition zur Königin geführt!

DIE KÖNIGIN MARKIEREN

Imker verwenden ein Farbcodierungssystem, mit dessen Hilfe sie das Alter der Königin rückverfolgen können. Der haarlose Rücken ist der ideale Untergrund für einen hellen Farbklecks. Das System besteht aus fünf wechselnden Farben, von denen jede ein unterschiedliches Geburtsjahr anzeigt, und zwar jeweils die Ziffer, mit der das Jahr endet : Weiß für 1 oder 6, Gelb für 2 oder 7, Rot für 3 oder 8, Grün für 4 oder 9 und Blau für 5 oder 0.

Eine markierte Königin

Junge Larven, aus denen eine Königin gezogen werden kann

Königinnen züchten

WENN MAN HONIGBIENEN IN FREIER WILDBAHN sich selbst überlässt, entwickeln sie nicht immer die Eigenschaften, die von Imkern geschätzt werden. Manche Völker stellen die Aufzucht der Brut über die Honigproduktion und bilden häufig Schwärme. Andere dagegen verhalten sich besonders defensiv oder produzieren eine riesige Menge an Propolis, was den Umgang mit ihnen erschwert.

Daher ist es keine Überraschung, dass sich Imker bemühen, diese Merkmale durch gezielte Züchtung von Königinnen unter Kontrolle zu bringen. Schon Bienenzüchter im alten Griechenland wussten, wie man die Anzucht von Königinnen anregt, allerdings geschah das auf einfache Weise und ohne tieferes Verständnis für die Biologie der Honigbiene. Erst gegen Ende des 19. Jahrhunderts begannen Imker, weitergehende Methoden für die Züchtung von Königinnen zu entwickeln.

Veredelung

Obwohl man auf einfache Weise an Königinnen gelangen kann, indem man ein Rähmchen mit frischen Brutwaben aus einem Volk mit Königin (ein weiselrichtiges Volk) entnimmt und in ein Volk ohne Königin einsetzt, verwendet die moderne Bienenzucht eine Technik, die als Veredelung (engl. crafting) bekannt ist.

Dabei wählt der Imker Larven, die zwischen 12 und 24 Stunden alt sind, aus einem gesunden Volk mit den erwünschten Merkmalen aus. Mithilfe eines kleinen Werkzeugs wird jede Larve aus ihrer Zelle in eine künstliche Weiselzelle aus Kunststoff oder Wachs gesetzt. In diesem Stadium sind die Larven so zart, dass man sie kaum mit bloßem Auge erkennen kann. Man braucht viel Gefühl, um eine Larve zu transportieren, ohne sie zu verletzen. Manche Imker sind darin jedoch so geschickt, dass sie lediglich einen Grashalm dafür benötigen.

Sobald die Weiselzellen befüllt sind, setzt sie der Imker in ein sogenanntes Startervolk. Diese Bienenvölker haben keine

Ein Drohnengarten, um die Sammelplätze mit Drohnen für den Hochzeitsflug zu bestücken.

Königin, sind gut genährt und weisen viele junge pflegebereite Arbeiterinnen auf, die am besten geeignet sind, um Gelée royale herzustellen. Sie widmen sich sofort den künftigen Königinnen und füllen die Weiselzellen eifrig mit reichlichen Mengen an Gelée royale.

Die Weiselzellen bleiben nur 24 Stunden in diesen Völkern. Anschließend werden sie in ein starkes Pflegevolk umgesetzt, das sich um die Weiselzellen kümmert, bis sie entdeckelt werden. Die Arbeiterinnen werden von den Pheromonen der Larven angelockt und betreuen sie bereitwillig. Sie müssen dabei durch eine spezielle Vorrichtung, das sogenannte Absperrgitter. Es handelt sich um ein Metallgitter mit so kleinen Öffnungen, dass nur die Arbeiterinnen zu den Larven gelangen können; eine Königin passt nicht hindurch.

Wenn kein Absperrgitter verwendet wird, um die aktuelle Königin von den Weiselzellen fernzuhalten, könnte sie diese zerstören, weil sie in ihnen eine Bedrohung für ihre Stellung sieht.

Wer Königinnen züchtet, sollte sich sorgfältig Notizen machen und einen genauen Zeitplan einhalten. Die Weiselzellen sollten abhängig von der Witterung nach sieben bis zehn Tagen aus dem Pflegevolk in einzelne Begattungsvölkchen umgesetzt werden.

Wenn sich der Bienenzüchter nicht exakt an die zeitlichen Vorgaben hält, könnte er alle Königinnen durch eine früh schlüpfende Jungkönigin verlieren. Stellen Sie sich das Chaos vor, wenn eine Königin vor der festgesetzten Zeit schlüpft – ihre Konkurrentinnen befinden sich noch in ihren sauber aufgereihten Zellen, sodass sie leicht alle töten kann.

Weiselzellen in einem Pflegevolk

Begattung

Ein Begattungsvölkchen ist in der Regel sehr klein. Es dient dazu, die neue Königin für die kurze Zeit aufzunehmen, in der sie sich paart und beginnt, die ersten Eier zu legen. Diese Miniaturvölker erhalten die Königin, während sie noch in ihrer Zelle ist, und versorgen sie in den ersten Wochen ihres Lebens. In dieser Zeit müssen Hochzeitsflug und Begattung stattfinden.

Unter der Voraussetzung, dass sich jede Königin mit 12 bis 20 Drohnen paart, reicht die örtliche Drohnenpopulation für den kommerziellen Betrieb der Königinnenzucht meist nicht aus. Manche Imker vermeiden dieses Problem, indem sie ihre Königinnen künstlich befruchten lassen, aber der Aufwand im Labor ist enorm; außerdem neigen diese Königinnen zu schlechteren Leistungen im Vergleich zu jenen, die von Drohnen begattet wurden.

Aus diesem Grund ziehen die Imker meist eine natürliche Begattung für ihre Königinnen vor. Sie errichten dazu einen Drohnengarten, der zwei bis drei Kilometer von den Begattungsvölkern entfernt liegt, in denen sich die frisch geschlüpften Königinnen auf den Hochzeitsflug vorbereiten. In diesen Gärten findet man Bienenvölker, die Drohnen mit wünschenswerten Eigenschaften produzieren.

Nachdem die Königin von ihrem Hochzeitsflug erfolgreich zurückgekehrt ist, sollte es der Bienenzüchter ihr unbedingt erlauben, wenigstens zwei Wochen kontinuierlich Eier zu legen, denn in dieser Zeit entwickeln sich ihre Eierstöcke weiter. Die reife Königin wird geschickt eingefangen, markiert und zum Verkauf in einen kleinen Käfig gesperrt. Ich durfte einmal das Ganze bei einem örtlichen Königinnenzüchter verfolgen (siehe auch Seite 104).

Ein Mini-Rähmchen aus einem Begattungsvölkchen

Auf der Suche nach Königinnen

Eine reisende Königin willkommen heißen

Normalerweise haben Imker den größten Erfolg mit Königinnen, die in ihrem Gebiet herangezogen wurden, weil sie an die klimatischen Verhältnisse gut angepasst sind. Wenn es jedoch nicht möglich ist, eine Königin vor Ort zu erwerben, verschicken viele Züchter ihre Königinnen per Post an die Kunden. Eine neue Königin kann so von der Ost- an die Westküste der USA reisen, bevor sie mit ihrem neuen Volk vereinigt wird.

Ich finde es immer noch amüsant, wenn mir die Postbotin ein summendes Päckchen aushändigt mit der roten Aufschrift: Vorsicht, lebende Bienen! In seinem Inneren befindet sich die Königin, sicher verwahrt in einem Käfig aus Kunststoff oder Holz, zusammen mit einigen Arbeiterinnen, die sich auf dem Transport um sie kümmern. Sie versorgen sich selbst mithilfe eines Propfens aus Kandiszucker, der auch dazu dient, ihre Umsetzung in den Stock zu verzögern. Der Zuckerblock ragt aus dem Käfig heraus, und die Bienen benötigen mehrere Tage, um sich durch ihn hindurchzufressen.

Ein Bienenvolk muss sich schrittweise an eine neue Königin gewöhnen. Sie verbleibt in ihrem Käfig, bis sich das Volk an den neuen Duft angepasst hat. Wenn man die Königin dagegen unmittelbar im Stock freisetzt, würden die Bienen sie höchstwahrscheinlich als einen fremden Eindringling betrachten und töten.

Eine eingesperrte Königin

JAHRMARKT

Es ist einer jener Tage, an dem ich mir mal wieder zu viel vorgenommen habe, und ich muss meinen Freund Tim bitten, mir zu helfen. Wir sind bereits über eine Stunde unterwegs, um eine neue Königin abzuholen. Während der Fahrt halte ich ihren Käfig auf meinem Schoß, geschützt unter den Falten meines Kleides. Ich bin angezogen für eine meiner liebsten Veranstaltungen: Berry Good Night, eine große Dinnerparty für die Landwirte vor Ort. Zuerst muss ich jedoch für einen Bienenstock eine neue Königin abliefern und an einem Honig-Wettbewerb teilnehmen.

Ich gehe noch einmal meinen Plan durch. „Okay, du lässt mich an dem Jahrmarkt aussteigen, auf dem der Honigwettbewerb stattfindet; in der Zwischenzeit setzt du die Königin ein. Sie ist für den dritten Stock von links bestimmt. Dann kommst du zurück und holst mich ab. Der Wettbewerb sollte bis dahin beendet sein, und wir können auf die Party gehen." Tim stimmt zu, und ich habe nicht mal Zeit, um mich zu verabschieden. Wir haben nämlich mitten auf der Straße angehalten, was natürlich verboten ist.

Ich muss über den strengen Blick des Wachmanns lächeln, während ich zum Eingang renne. Ich habe die Juroren für den diesjährigen Honigwettbewerb ausgewählt, und viele meiner Schüler präsentieren hier ihre kleinen Gläser mit der goldfarbenen Füllung.

Ich gehe im Bestäubergarten umher und warte auf die Ergebnisse des Wettbewerbs, als Tim anruft und mich fragt, wo ich die Königin habe.

„Was meinst du damit, *wo ich die Königin habe?*", antworte ich. „Du hast sie." Ein paar Sekunden diskutieren wir sinnlos, bevor wir alles Schritt für Schritt rekapitulieren.

„Oh nein!", rufe ich plötzlich. „Sie war auf meinem Schoß. Sie muss beim Aussteigen heruntergefallen sein."

Blankes Entsetzen befällt mich, als ich mir die Szene vorstelle. Wir standen mitten auf der Straße, das war vor mehreren Stunden. Mittlerweile wurde sie bestimmt überfahren. Die Juroren sind fast fertig, gleich werden die Gewinner verkündet; ich kann jetzt nicht weg.

Ich warte noch so lang, bis die Siegerehrung vorbei ist; dann renne ich los. Ich fühle mich schuldig, weil ich die Königin fallen gelassen habe. Vor meinem geistigen Auge sehe ich ihren zerquetschten Käfig auf der Straße.

Als ich endlich ankomme, bin ich freudig überrascht: Von meinem Standort auf dem Bürgersteig sieht der Käfig, der mitten auf der gelben Linie liegt, noch ganz und unbeschädigt aus. Wahrscheinlich ist sie durch die Hitze umgekommen, schießt es mir durch den Kopf. Ich schiele von weitem auf den Käfig in der Hoffnung, eine Bewegung auszumachen. Der Wachmann deutet mir an, dass ich die Straße überqueren kann, und ich haste hinüber , um meine tote Königin einzusammeln.

Zu meiner Überraschung ist sie noch am Leben! Was für ein Glück!

DIE EXPERTEN

Als ich im Hof der Bienenzucht ankomme, sind die Experten gerade dabei, Königinnen einzufangen. Sie arbeiten mit bloßer Hand, während sie die Königinnen von den Miniaturrähmchen der Begattungsvölker klauben. Am besten fasst man sie an den Flügeln oder an der Brust.

Ich besuche die Zuchtstation für Königinnen der örtlichen Initiative Wildflower Meadows. Zweige des Ackersenfs kämpfen um ihren Platz zwischen den verstreuten Ablegern um uns herum. Jede satt golden gefärbte Königin wird mit einem gelben Farbstift markiert, bevor sie in ihren hölzernen Käfig gesetzt und an Imker im ganzen Land verschickt wird.

Eine weitere Bienenkiste ist geöffnet, und ich versuche, den Experten auf seinem eigenen Gebiet zu schlagen und die Königin vor ihm zu entdecken. Er findet sie jedoch zuerst und zeigt sie mir. Wir übertreffen uns in Bewunderungsrufen, und dann versuche ich,

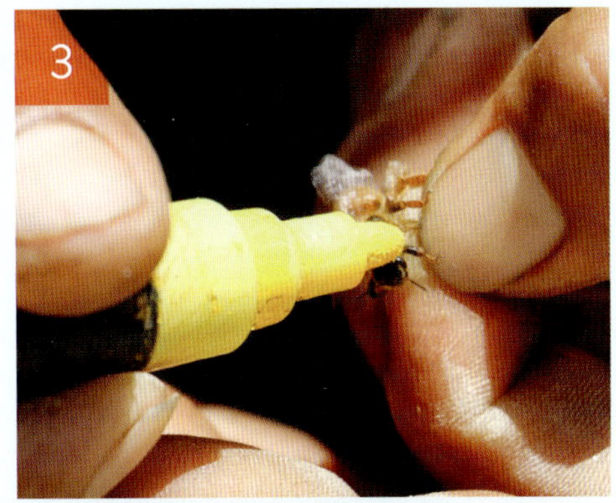

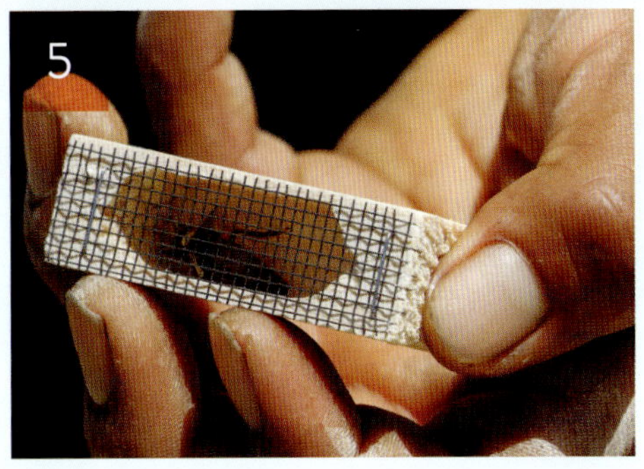

Königinnen einfangen (1, 2), markieren (3) und in den Käfig setzen (4, 5)

sie zu markieren. Ich werde diese behalten und bin entzückt. So viele meiner Bienenvölker stammen aus wilden, temperamentvollen Schwärmen. Eine gezüchtete Königin zu haben ist eine besondere Freude.

Wir arbeiten uns weiter durch mehrere Bienenkästen. Die meisten Königinnen präsentieren sich inmitten mehrere Rähmchen, die dicht mit gedeckelten Brutzellen bepackt sind und verkauft werden können, aber bei manchen liegt die Brut hinter dem Zeitplan zurück. Dabei handelt es sich wahrscheinlich um wilde Königinnen mit unbekannten genetischen Merkmalen. Sie dringen mitunter in Begattungsvölker ein, können aber nicht verkauft werden, sodass man sie üblicherweise tötet.

Mir tun diese Königinnen leid, und ich beschließe, ein paar von ihnen bei mir aufzunehmen. Ich stopfe ihre Käfige in meinen Büstenhalter, um sie warm zu halten, und muss über mich selbst lachen.

Eines weiß ich bestimmt: Ich könnte diesen Job niemals machen.

WIE MAN DIE BIENENKÖNIGIN ERKENNT

RFAHRENE IMKER entwickeln häufig einen sechsten Sinn dafür, die Königin zu finden. Obwohl dem Ganzen mitunter etwas Mystisches anhaftet, wird diese Intuition wahrscheinlich durch eine Reihe unbewusster Signale ausgelöst, die der Imker im Lauf der Jahre gelernt hat. Ich habe oft ein inneres Drängen verspürt, in irgendeinem obskuren Winkel nach der Königin zu suchen – und tatsächlich habe ich sie dort gefunden, aber ich weiß meist nicht, was mich dazu getrieben hat. Vielleicht spielt dabei Magie eine Rolle! Da es also vielfältige Methoden gibt, eine Königin zu finden – praktische ebenso wie geheimnisvolle –, werde ich mich bemühen, eine Reihe von Richtlinien anzuführen, die Ihnen dabei helfen, die Königin innerhalb und außerhalb dieses Buches zu entdecken.

Physische Merkmale

DER EINFACHSTE WEG, eine Königin zu finden, führt über ihre körperlichen Merkmale. Anfangs kann es Schwierigkeiten bereiten, sie von den Arbeiterinnen und besonders von den Drohnen zu unterscheiden. Zunächst werden alle Bienen für Sie gleich aussehen, doch wenn Sie die Königin näher betrachten, werden Ihnen die Unterschiede sofort auffallen.

Eines ihrer charakteristischen Merkmale ist der **VERLÄNGERTE HINTERLEIB.** Er ragt weit über ihre Flügel hinaus, die lediglich so groß wie die der Arbeiterinnen sind und deshalb untermaßig erscheinen. Wenn ein Anfänger mit einer Biene konfrontiert wird, die größer als die anderen ist, rate ich ihm stets, auf die Flügel zu achten. Manche Arbeiterinnen sind etwas größer als die anderen, und auch Drohnen werden aufgrund ihrer Größe oft für Königinnen gehalten, doch die Königin hat als einzige Biene im Stock Flügel, die das Ende des Hinterleibs nicht erreichen.

LANGE GOLDFARBENE EXTREMITÄTEN sind ein weiteres Kennzeichen, das nur Königinnen aufweisen. Manche Zuchtformen haben dunkle Beine, aber normalerweise sind sie hell und stehen im Kontrast zu den dunklen von Arbeiterinnen und Drohnen. Unabhängig von der Farbe sind die Extremitäten der Königin zudem besonders lang. Wenn sie nicht in Bewegung ist, werden sie träge nach außen gestreckt. Bei näherer Betrachtung findet man noch einen weiteren Unterschied zum Bein einer Arbeiterin: Die Pollenkörbchen (Corbiculae) fehlen, der leicht gewölbte Apparat an der Schiene des Hinterbeins, der zum Transport von Pollen dient.

DER HAARLOSE RÜCKEN findet sich ebenfalls nur bei der Königin. Arbeiterinnen und Drohnen sind am Rücken flauschig behaart, während er bei der Königin glatt ist, schwarz glänzt und deutlich hervorsticht, wenn Sie danach suchen. Auf Fotos ist es meist nicht gut sichtbar, aber es gibt noch eine Kerbe in der Mitte des Rückens.

Eine Königin und eine Arbeiterin im Vergleich

Die Königin ist die einzige Biene im Stock, deren Flügel kürzer als der Hinterleib sind.

DER KOPF EINER KÖNIGIN ist nur geringfügig größer als der einer Arbeiterin; er hat dieselbe Herzform und dieselben Mandelaugen, wird jedoch oft von einer Flaumkrone geziert, die den Arbeiterinnen fehlt. Frisch aus ihren Zellen geschlüpfte Arbeiterinnen weisen viele flaumige Härchen auf, aber mit zunehmendem Alter verlieren sie sie wieder.

MITUNTER WIRD EINE ÄLTERE ARBEITERIN SO KAHL, dass ihr Rücken ähnlich schwarz glänzt wie der einer Königin; allerdings ist der Hinterleib nicht so langgestreckt. Im Gegensatz findet sich auf dem Kopf eines Drohns nur wenig Flaum. Seine großen halbkugelförmigen Komplexaugen nehmen den meisten Platz ein und verleihen ihm fast das Aussehen einer Fliege, das ihn deutlich von der Königin und ihren Töchtern abhebt.

Färbung

Honigbienen zeigen eine breite Palette unterschiedlicher Färbungen, und das gilt auch für die Königinnen. Manchmal ist die Farbtönung eines Stocks einheitlich. Ein Imker muss dann die golden glänzende Königin unter Tausenden anderer golden schimmernder Bienen entdecken. In anderen Völkern kann sich die Färbung der Königin stark von den Arbeiterinnen unterscheiden, sodass sie deutlich heraussticht – beispielsweise ein kräftiges Rot aus einem relativ matten Braun.

Wenn der Farbton der Königin innerhalb des Volkes einzigartig ist, liegt es typischerweise daran, dass ihr Hinterleib keine Streifen aufweist. Das ist weit verbreitet. Ich finde häufig Königinnen mit einer einheitlichen oder ombrierten Färbung, während Streifen nur sehr selten vorkommen.

Daher halte ich es für keine gute Strategie, die Königin mithilfe ihrer Färbung zu suchen. Zusätzlich zu den vielen eigenen Abweichungen gilt es auch, die unterschiedlichen Färbungen von Arbeiterinnen und sogar von Drohnen zu berücksichtigen. Ich habe Völker gesehen, bei denen 90 Prozent der Arbeiterinnen hell und 10 Prozent kohlschwarz waren. Bei anderen Völkern waren alle Arbeiterinnen einheitlich gefärbt, während die Drohnen deutlich heller oder dunkler waren als ihre Schwestern. Bleiben Sie sich an den Farbschattierungen hängen, wenn Sie die Königin suchen. Es wird sie für gewöhnlich in die Irre führen.

Eine rötlich gefärbte Königin, gut von ihrem Hofstaat zu unterscheiden

Eine dunkel gefärbte Königin mit Streifen

KÖNIGINNEN IN VIELEN FARBEN

Königinnen weisen eine breite Palette an Färbungen auf, von einem hellen Gold über alle möglichen Zwischenstufen bis hin zu vollkommenem Schwarz. Sie können auffällig gestreift oder einfarbig sein oder verschiedene Schattierungen zeigen. Manchmal sehe ich sehr helle Königinnen ohne Streifen, aber mit einem dunklen Hinterleib. Andere Königinnen sind so schwarz, dass sie im Schatten eines Rähmchens völlig verschwinden können. Wenn man sie jedoch im Sonnenlicht näher betrachtet, fallen einem die bernsteinfarbenen Streifen auf, die darunter funkeln.

Für viele Königinnenzüchter ist die Farbe ebenso ein Auswahlkriterium wie das Verhalten. Anfänger sind oft der Meinung, dass die glänzende goldene Färbung einer italienischen Königin sofort ins Auge springt und sie deshalb leichter zu finden ist als eine tiefschwarze russische Königin. Ich jedenfalls lasse mich lieber von der Vielfalt der Farben überraschen, die die Natur für uns bereithält, und ich freue mich, Königinnen zu suchen, die das volle Spektrum des Regenbogens zeigen.

HELL

TIGERSTREIFEN

ROT

ROT UND SCHWARZ

SCHWARZ

MUTTER- UND TOCHTERKÖNIGINNEN

Ich traue meinen Augen nicht: Auf einem Rähmchen sitzen zwei Königinnen. Ich erstarre vor Ehrfurcht, als eine ihren Hinterleib absenkt und ein Ei legt. Dies sind keine Jungköniginnen, die sich auf den finalen Kampf vorbereiten, sondern es handelt sich um erwachsene Königinnen, die harmonisch Seite an Seite leben.

Ich erkenne meine alte Königin an ihrer glänzenden roten Färbung. Die andere ist hell, das muss eine Tochterkönigin sein, die den Platz ihrer Mutter einnehmen sollte, doch anstatt die alte Königin zu töten, haben die Arbeiterinnen sie am Leben gelassen.

Obwohl es häufig heißt, dass es in einem Stock nur eine Königin geben könne, behaupten manche Imker, dass dieses Ereignis, das ich beobachtet habe, gar nicht so selten vorkomme. Schließen suchen die meisten von uns nicht länger nach der Königin, wenn sie eine gefunden haben. Wer könnte also sagen, dass keine zweite vorhanden ist?

Die beiden Königinnen vor mir gleiten ruhig aneinander vorbei. Ich bin glücklich, dass ich den Bienenstock geöffnet habe, als sie gerade auf demselben Rähmchen saßen! Ich frage mich, wie lange sie noch auf diese Weise zusammenleben werden.

Zwei Königinnen legen friedlich Eier in einem Abstand von wenigen Zentimetern.

Muster und Verhalten

MANCHE IMKER LOKALISIEREN DIE KÖNIGIN problemlos anhand der Veränderung im Bewegungsmuster, wenn die anderen Bienen auf die Anwesenheit der Königin reagieren. Die Königin bewegt sich anders als die Arbeiterinnen. Ihr langer, schlanker Körper gleitet über die Waben, und sobald der Raum eng wird, gehen ihr die Arbeiterinnen aus dem Weg und lassen sie vorbei. Häufig bewegt sie sich auch schneller als der sie begleitende Hofstaat, wobei sie von einem Ende der Wabe zum anderen stürmt, während die Arbeiterinnen relativ bewegungslos verharren.

Wenn die Königin eine Pause einlegt, bildet sich ein Kreis von Arbeiterinnen um sie herum, mit dem Gesicht in ihre Richtung. Dabei entsteht ein blütenartiges Muster aus Ammenbienen rund um die Königin, die häufig wie eine Art Standbild regungslos verharren.

Ich habe auch beobachtet, dass die Arbeiterinnen unterschiedlich agieren, wenn sie sich auf demselben Rähmchen wie die Königin befinden. Das Verhalten der Bienen ist nicht immer konstant, sondern die Arbeiterinnen, die sich auf demselben Rähmchen wie die Königin aufhalten, erscheinen

Zwei Imkerinnen auf der Suche nach der Königin

oft ruhiger. Sie bewegen sich weniger und summen anscheinend zufriedener. Wenn ich entsprechend aufmerksam bin, um diese leichten Abweichungen wahrzunehmen, kann ich gründlicher nach der Königin Ausschau halten. Ich werde das Rähmchen hartnäckig kippen, bis ich die Königin endlich entdeckt habe und verkünden kann: „Ich wusste, dass sie auf diesem Rähmchen war."

Ich habe aber auch genau das gegensätzliche Verhalten beobachtet. Wenn die Bienen im Stock erregt sind, beginnt auch die Königin zu rennen. Dadurch entsteht noch mehr Verwirrung im Stock, da die Arbeiterinnen versuchen, jeder ihrer Bewegungen zu folgen, bis sie schließlich in verschiedene Richtungen auseinanderströmen. Ob das ein absichtliches Ablenkungsmanöver ist?

Eine Königin rennt über ein Rähmchen.

AUFGELAUERT

Mein Onkel ist in der Stadt, und wir haben gerade Burritos gegessen, als ich einen dringenden Anruf bekomme. Ich soll einen Schwarm in einer nahe gelegenen Schule einfangen. Glücklicherweise habe ich zwei Schutzanzüge, sodass Onkel Norm und ich sofort dorthin aufbrechen können. Es ist das erste Mal, dass er mich begleitet, deshalb erkläre ich ihm auf dem Weg schon mal, was uns erwartet.

Die Bienen befinden sich in einer Sprinkleranlage am Fuß eines Abhangs, eingehüllt von einem großen Busch. Wir arbeiten auf einer ebenen Grünfläche neben der Straße, die Waben liegen in Bruchstücken um uns herum, während ich zeige, wie man sie in die Rähmchen einbindet. Nachdem die Waben in meinen Bienenkasten umgesetzt sind, kämpfe ich mich in den Busch hinein und überlege, wie ich an die restlichen Bienen komme.

Normalerweise würde ich meinen Bienenkasten vor die Sprinkleranlage stellen, um all die ankommenden Sammelbienen abzufangen, aber es ist nicht genügend Platz. Die Bienen fliegen überall herum und landen auf allem, was in Sichtweite ist. Ihre Verwirrung sagt mir, dass wir die Königin nicht haben.

Auf einmal beginnen die Bienen, tiefer in den Busch vorzudringen. Es ist so dicht, dass ich nicht erkennen kann, wohin sie strömen, aber ich bin sicher, dass die Königin unter ihnen ist. In meiner Verzweiflung beschließe ich, dem Busch mit einer Säge zu Leibe zu rücken. Mein heftiges Rascheln veranlasst die Bienen, wieder in die Luft aufzusteigen. Bald schwirren Tausende um uns herum.

„Gehen Sie in die Kiste?", rufe ich meinem Onkel über das Tosen hinweg zu. Er kann es nicht sagen. Ich schaue besorgt zum Himmel, während ich tief im Busch stecke und mein Schutzanzug mit Dreck und Honig verschmiert ist.

Plötzlich erregt eine kleine Gruppe Bienen auf einem nahen abgeschnittenen Ast meine Aufmerksamkeit. Ich nehme sie auf, und die Königin ist unter ihnen, nur von einigen anderen Bienen umgeben. Triumphierend eile ich mit ihr zum Eingang des Bienenkastens, und sie krabbelt hinein. Es dauert nicht lange, dann wird den Bienen klar, wo sie sich aufhält, und sie folgen ihr in den Kasten.

Mein Onkel ist vollkommen sprachlos. Er kann nicht verstehen, wie ich die Königin in diesem Chaos gefunden habe. Ich lächle nur, während er über meine offensichtliche „Bienenmagie" staunt. Ich wusste, dass es unwahrscheinlich war, dass die Bienen die Königin allein ließen, deshalb habe ich das Gelände nach kleinen Gruppen abgesucht. Es war einfach Glück, dass die Königin gleich in der ersten war, die ich untersucht habe … oder doch nicht?

Was ist wo im Stock?

UM DIE KÖNIGIN AUF DEN SUCHBILDERN IN DIESEM BUCH zu finden, hilft es nur wenig , die typische Zusammensetzung eines Bienenstocks zu kennen. Doch im Feld ist diese Information sehr nützlich. Die Königin befindet sich oft auf den Waben, wo sie ihre Arbeit verrichtet, deshalb sollten Imker damit rechnen, sie häufiger auf Brutwaben als auf Honigwaben zu entdecken.

Obwohl die Zusammensetzung eines Bienenstocks je nach Form etwas anders ist, findet man die Brutwaben generell in seinem Zentrum, auf jeder Seite von Honigwaben flankiert, da der Honig als Isolierung für die heranwachsenden Larven dient. Die Bienen lagern ihren Honig wie eine Decke, die über den Brutraum gestülpt ist; jede Wabe hat einen Bogen aus Honig über einer zentralen Brutzelle mit einem vollen Rähmchen mit Honigwaben an jedem Ende.

In einem vertikal ausgerichteten Bienenstock befindet sich die Brut typischerweise in den unteren Kammern, während die oberen als Honiglager dienen. In einem horizontal ausgerichteten Bienenstock findet man die Brut in den zentralen Waben, mit Honigwaben auf jeder Seite.

Wenn man in den Brutwaben nach der Königin sucht, hilft es auch, auf Zellen mit frisch gelegten Eiern und jungen Larven zu

Eine Königin beim Stifteln (Eier legen) im Brutraum

achten und weniger auf bereits gedeckelte Zellen. Die Anwesenheit von Eiern bedeutet, dass die Königin vor Kurzem auf diesem Rähmchen war und sie gelegt hat, und wenn Sie Glück haben, ist sie immer noch dort.

Falls Sie scharfe Augen haben, können Sie tatsächlich sagen, wann ein Ei gelegt wurde. Ein frisch gelegtes Ei steht nämlich senkrecht auf seinem Ende und neigt sich allmählich auf die Seite, bis die Larve am dritten Tag schlüpft. Wenn Sie also eine Wabe mit Eiern entdecken, die auf einem Ende stehen, schauen Sie gleich nach der Königin. Vielleicht sehen Sie sie noch bei der Eiablage. Imker können manchmal genau vorhersagen, auf welchem Rähmchen sich die Königin befindet, noch bevor sie eines herausgezogen haben. Das mag nach einem Zaubertrick klingen, aber im Grunde wenden sie nur ihr Wissen über das Verhalten der Bienen in der Praxis an. Arbeiterinnen werden von der Königin angelockt. Imker müssen also nur die Oberseite der Rähmchen beobachten und das eine auswählen, auf dem sich die meisten Bienen befinden – damit haben sie beste Chancen, das Rähmchen mit der Königin herauszunehmen.

Verstecke

WENN EINE KÖNIGIN nicht gefunden werden will, gibt es viele Orte, an denen sie sich verstecken kann. Bienenzüchter, die sich mit den üblichen Verstecken vertraut machen, werden größeren Erfolg haben, sie in realen Situationen ebenso wie auf den Fotos in diesem Buch zu finden. Oft sehe ich eine Königin, die auf dem Rähmchen im Schatten der oberen Leiste entlangschleicht oder unsicher vom Boden herabhängt. Manchmal verbirgt sie sich unter Graten oder anderen Unregelmäßigkeiten der Wabe oder sogar hinter den Körpern der Arbeiterinnen. Auf den Suchbildern werden Sie feststellen, dass meist nur ein Teil vom Körper der Königin sichtbar ist – eine Darstellung, die wir normalerweise wahrnehmen, wenn wir einen Stock untersuchen. Bei der Suche nach der Königin erhasche ich oft nur einen flüchtigen Blick auf ihren gedrungenen Körper, ehe sie völlig verschwunden ist. Manchmal muss ich sogar die Arbeiterinnen mit meinen Fingern beiseiteschieben, um die Königin freizulegen.

Weitere Strategien, um die Königin zu finden

MANCHE KÖNIGINNEN LASSEN SICH SCHWERER FINDEN als andere. Die einen sind durch ihre Färbung bestens im Stock getarnt oder neigen generell dazu, sich zu verbergen. Die anderen sind so klein, dass sie sich kaum von den Arbeiterinnen abheben. Es gibt auch Königinnen, die es scheinbar *wissen,* wenn man nach ihnen sucht, und niemals gefunden werden, ganz gleich, was man versucht! Im Folgenden sind einige Strategien für die Praxis aufgeführt, mit denen sich diese „unmöglichen" Königinnen doch aufspüren lassen.

Rauch einsetzen

Die meisten Imker arbeiten mit dem Smoker, um die Bienen abzulenken, während sie den Stock inspizieren. Ein wesentliches Element der Kommunikation unter dem Bienenvolk ist Duft. Wenn ein Imker den Bienenstock einräuchert, überdeckt der starke Geruch alles andere, und die Bienen können sich nicht über Pheromone verständigen. Das behindert oft die Wächterbienen bei ihrer Aufgabe, den Stock zu verteidigen, und verhindert, dass der eindringende Imker gestochen wird. Auf der Suche nach der Königin sollte er Rauch nicht einsetzen, denn die Bienen und auch die Königin fliehen davor.

Einen Läufer erwischen

Eine flüchtende Königin kann die Waben verlassen und irgendwo an der Innenwand der Zarge landen oder sich mit einer Gruppe von Arbeiterinnen in eine Ecke kauern. Aus diesem Grund platziere ich, wenn sich die Suche nach der Königin schwierig gestaltet, eine leere Bienenkiste in der Nähe. So kann ich ein Rähmchen, nachdem ich es untersucht habe, herausnehmen und ablegen, bis schließlich alle Rähmchen aus der Zarge entfernt sind. Dadurch kann ich die Innenwände und Ecken ohne Behinderungen absuchen. Dabei sollten Sie jedoch darauf achten, die Rähmchen immer über die geöffnete Zarge zu halten, denn flüchtende Königinnen könnten aus dem Rähmchen fallen, das Sie gerade halten. Ich suche den Boden immer zweimal ab und passe auf, wo ich hintrete!

Die Bienenkiste sieben

Wenn alle anderen Techniken scheitern, bleibt meist nur eines, um eine schwer zu findende Königin doch noch aufzuspüren: die gesamte Bienenkiste durch ein Absperrgitter zu sieben. Die Arbeiterinnen können die Öffnungen dieses Kunststoff- oder Metallgitters passieren, die Königin jedoch nicht – sie ist dafür zu dick. Imker verwenden dieses Ausrüstungsteil normalerweise, um die Königin daran zu hindern, in den Honigraum zu gelangen und dort Eier zu legen.

Platzieren Sie das Absperrgitter unter der obersten Zarge mit den Brutwaben und räuchern sie diese kräftig ein. Die Bienen werden durch das Absperrgitter in die darunterliegende Zarge flüchten. Wenn sich die Königin im oberen Brutraum aufhält, sollten Sie sie auf dem Absperrgitter herumlaufen sehen, sobald Sie die Zarge anheben. Andernfalls schieben Sie das Absperrgitter unter die nächste Zarge und wiederholen den Vorgang.

Sobald Sie bei der letzten Zarge angelangt sind, müssen Sie eine weitere unter das Absperrgitter hinzufügen, wohin die Bienen vor dem Rauch flüchten können. Diese Siebmethode bedeutet für die Bienen einen enormen Stress. Ich wende sie nur als allerletztes Mittel an.

Die Magazinbeute teilen

Um die Königin in einem großen Bienenstock zu finden, braucht es eine gute Vorbereitung. Am besten die Magazinbeute in zwei Hälften teilen, nach fünf bis sieben Tagen zurückkommen und die Suche beginnen. Wenn Sie lange genug warten, müssen Sie nur einen der beiden Teile der ursprünglichen Beute durchsuchen. Ohne die Königin wird ein Volk innerhalb weniger Tage damit beginnen, Weiselzellen zu bauen. Wenn Sie daher auf Weiselzellen stoßen, können Sie sicher sein, dass sich die Königin im anderen Teil befindet.

Ein Absperrgitter kann einen ähnlichen Prozess unterstützen. Platzieren Sie es zwischen den Brutwaben, und nach einer Woche wird sich die Königin dort aufhalten, wo sich Eier befinden.

Die Bienenkiste wird gesiebt.

NOTAUSGANG

Ich bin gerade damit beschäftigt, in einen Bienenstock auf einer Dachterrasse eine neue Königin einzusetzen. Es handelt sich um ein äußerst aggressives Volk, das seine Wächterbienen sogar bis in den unten liegenden Garten aussendet, sodass immer wieder Unschuldige gestochen werden. Mein Partner und ich befinden uns in einem völligen Chaos: wütende Bienen knallen mit einem ohrenbetäubenden Summen gegen unsere Gesichtsschleier.

Im Grunde genommen, vollziehen wir gerade einen Umsturz. Unsere Aufgabe ist es, die Königin zu finden, zu töten und sie durch eine neue und gutartige Regentin zu ersetzen. Das ist niemals eine leichte Aufgabe, denn aufgestachelte Bienen verstecken ihre Königin sehr gut.

Wir durchstöbern den Stock, suchen jedes Rähmchen und jede Wabe mehrere Male ab, aber wir können sie nicht finden. Als wir bereits ans Aufgeben denken, fällt mir ein ungewöhnlicher Haufen von Bienen an einem überraschenden Platz auf, und im Zentrum dieser Ansammlung befindet sich niemand anderes als die Königin!

Es kommt selten vor, dass eine Königin, und besonders eine ältere wie diese, noch fliegt, aber unsere wilde Suche muss dazu geführt haben, einen Notausgang zu nehmen. Wenn ich daran denke, dass wir über eine Stunde nach ihr gesucht haben, muss ich herzhaft lachen, als mir klar wird, dass sie die ganze Zeit über auf dem Kopf meines Partners war.

Die Königin versteckt sich

WENN SICH DIE KÖNIGIN NICHT an den Wänden befindet, versuchen Sie, die Rähmchen einer Zarge auf zwei leere Zargen aufzuteilen und dabei eine spezielle Anordnung vorzunehmen. In jede Zarge stellen Sie zwei Rähmchen eng zusammen, wobei sie auf jeder Seite des Paares einen Abstand von der Breite eines Rähmchens lassen.

Anschließend stellen Sie zwei weitere Rähmchen in diese Zarge; achten Sie darauf, dass eine entsprechende Lücke zwischen diesem und dem ersten Paar bleibt. Platzieren Sie auch die anderen Rähmchen auf dieselbe Art und Weise, wobei sie immer eine entsprechende Lücke zwischen den Paaren lassen, sodass die Außenseiten dem Licht ausgesetzt sind.

Diese Anordnung nutzt den Umstand aus, dass die Königin instinktiv Dunkelheit bevorzugt. Wenn Sie ihr genügend Zeit geben, wird sie sich in die Mitte eines der Rähmchenpaare zurückziehen und dort verstecken. Dann können Sie die beiden Rähmchen zusammen herausnehmen, wie ein Buch öffnen und hoffentlich die gesuchte Königin entdecken.

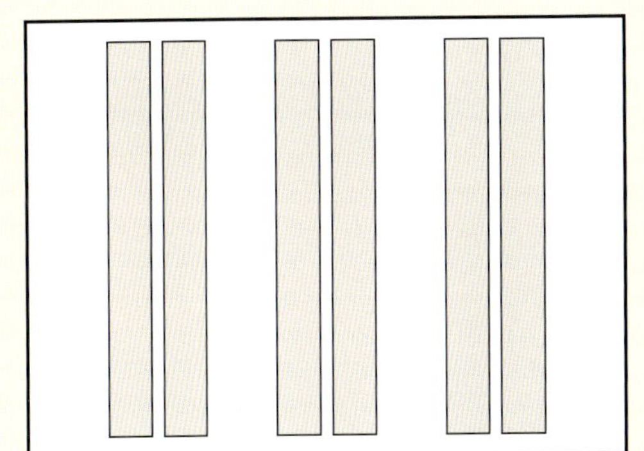

Rähmchen

Zwischenraum

GEFUNDEN!

Auflösung der Suchbilder

LEICHT

1

2

3

4

5

6

7

8

MITTEL

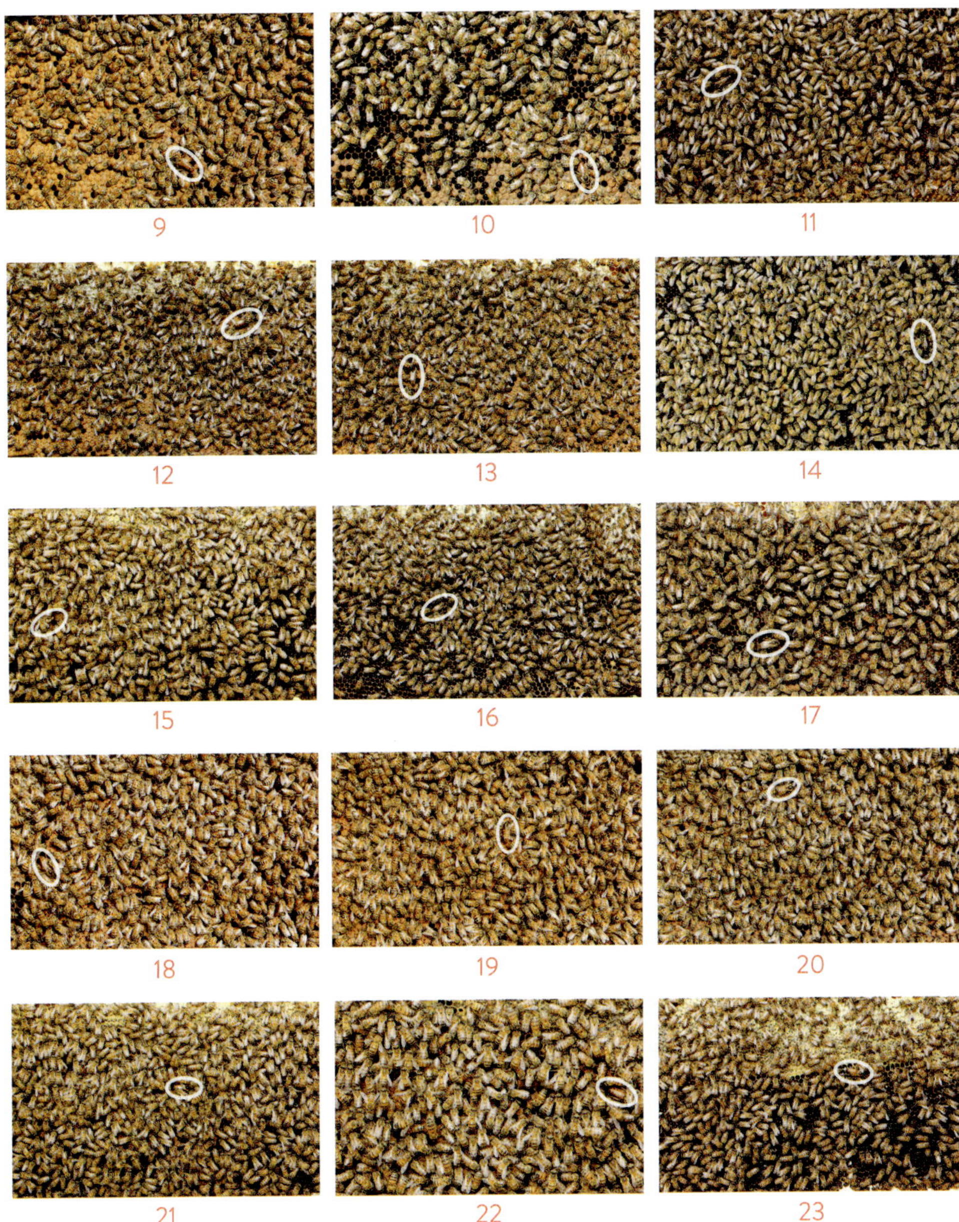

MITTEL *(Fortsetzung)*

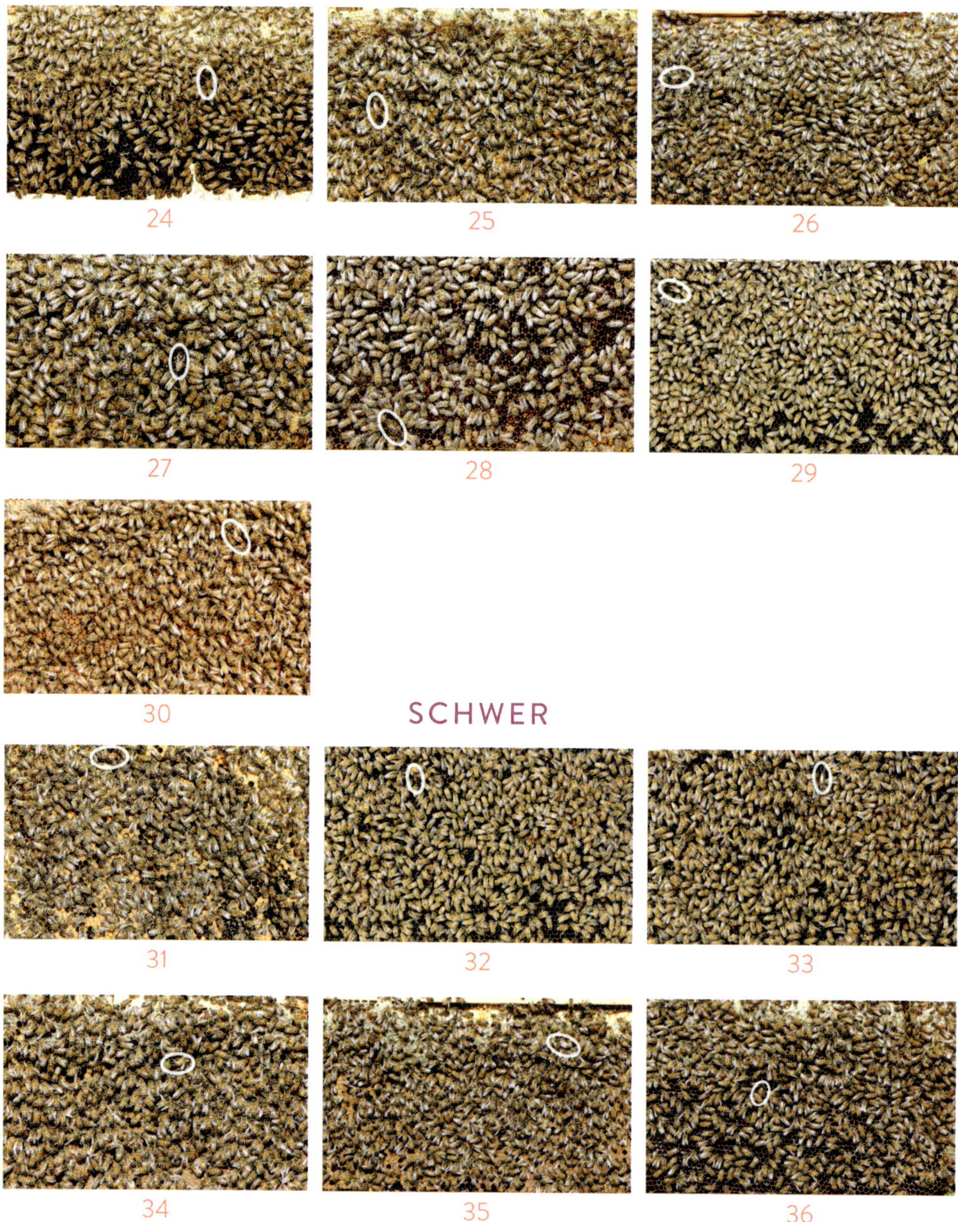

SCHWER *(Fortsetzung)*

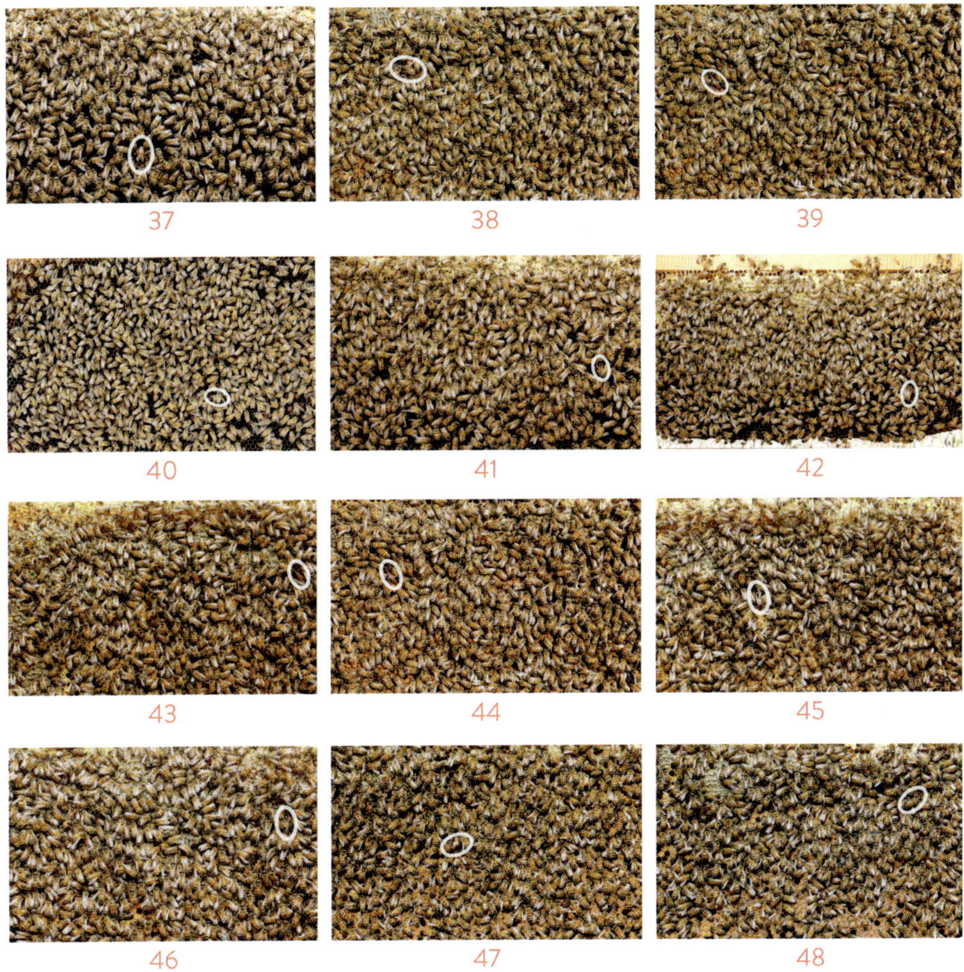

Glossar

ABSPERRGITTER: Ein Metall- oder Plastikgitter, das dazu dient, die Bewegungen der Königin innerhalb des Bienenstocks einzuschränken; es enthält kleine Öffnungen, sodass die Arbeiterinnen passieren können, nicht jedoch die Königin. Dadurch wird verhindert, dass die Königin in den Honigraum gelangt und dort Eier in die Honigwaben legt, die der Imker ernten möchte.

BEGATTUNGSVÖLKCHEN: Ein kleines Bienenvolk ohne Königin, das für die Anzucht von Königinnen verwendet wird und dazu dient, eine neue Königin für die Zeit aufzunehmen, in der sie sich paart und beginnt, die ersten Eier zu legen.

BIENENSTAND: Ein Platz, an dem Bienen gehalten werden.

BLÜTENSTAND: Eine Anhäufung von mehreren zusammen angeordneten Blüten, die Teil der Sprossachse sind.

CORBICULA: Pollenkörbchen, eine mit langen, borstigen Haaren versehene Fläche am Hinterbein der Arbeiterinnen, um den eingesammelten Pollen zu transportieren.

DIPLOID: Ein Organismus mit einem doppelten Chromosomensatz im Zellkern.

DROHNENSAMMELPLATZ: Ein bestimmter Ort in der Luft, an dem die Drohnen aus verschiedenen Völkern zusammenkommen und auf jungfräuliche Königinnen warten, um sie zu begatten.

ENDOPHALLUS: Fortpflanzungsorgan der männlichen Biene, liegt eingestülpt im Hinterleib, wird erst zur Begattung ausgefahren und auf die Königin übertragen.

GELÉE ROYALE: Ein spezielles Futter, das von jungen Arbeiterinnen ausgeschieden wird, um Larven und erwachsene Königinnen zu füttern.

HAPLOID: Ein Organismus mit einem einfachen Chromosomensatz im Zellkern.

KÖNIGINNENSUBSTANZ: Eine Mischung aus verschiedenen chemischen Stoffen, die von erwachsenen Königinnen abgegeben wird und eine wichtige Rolle für den Zusammenhalt des Bienenvolkes spielt.

PHEROMONE: Chemische Botenstoffe, die von erwachsenen Bienen und Larven zur Kommunikation und zur sozialen Organisation eingesetzt werden.

PROBOSCIS: Rüssel, Teil der Mundwerkzeuge der Biene, dient zum Aufsaugen von Flüssigkeiten wie Wasser oder Nektar.

PROPOLIS: Eine klebrige harzartige Substanz, die von den Bienen mithilfe von Speichel aus Wachs, Pflanzensäften und anderen Stoffen hergestellt wird und antibiotische Eigenschaften hat. Sie dient dazu, Risse auszukleiden und den Bienenstock zu sterilisieren.

SCHWARM: Eine Gruppe Arbeiterinnen und eine Königin, die sich von ihrem Volk getrennt und den Stock verlassen haben, um einen neuen Bien zu gründen.

SCHWARMZELLEN: Weiselzellen, die als Vorbereitung für das Schwärmen an den Rändern der Waben angelegt werden.

SPERMATHEK: Organ im Hinterleib der Königin, das zur Aufnahme des bei der Begattung übertragenen Spermas dient.

STARTERVOLK: Anbrütervolk, ein kleines Bienenvolk mit Futterwaben und jungen Arbeiterinnen, das in der Königinnenzucht eingesetzt wird und für kurze Zeit Weiselzellen aufnimmt.

STERIL: Keimfrei, frei von Bakterien und Viren.

SUPERORGANISMUS: Organismen derselben Spezies, die in enger Gemeinschaft leben und Eigenschaften entwickeln, die über die der Individuen hinausgehen, sodass sie als ein Organismus angesehen werden.

SYMBIONTEN: Zwei Organismen, die in einer symbiontischen Gemeinschaft leben, die beiden Vorteile bietet.

TRACHTANGEBOT: Damit bezeichnen Imker die Menge an Nektar, Pollen und Honigtau, die in dem Gebiet rund um ihre Bienenstände zu einer bestimmten Zeit verfügbar ist.

UMWEISELN: Der natürliche Prozess, bei dem Arbeiterinnen eine neue Königin heranziehen, um die alte Königin zu ersetzen.

VEREDELUNG: Eine spezielle Methode, die von Königinnenzüchtern praktiziert wird; dabei werden Larven aus natürlichen Brutzellen in künstliche Weiselzellen übertragen, um neue Königinnen heranzuziehen.

WEISELNÄPFE: Künstliche Weiselzellen aus Wachs oder Kunststoff, die wie eine Eichel geformt sind und zur Aufnahme von Eiern oder Larven dienen, die von den Arbeiterinnen als Ersatzkönigin herangezogen werden.

WEISELRICHTIG: Mit diesem Ausdruck beschreiben Imker ein Bienenvolk, das eine Königin besitzt – im Gegensatz zu einem Volk, das seine Königin verloren hat.

Register

Kursiv gesetzte Zahlen weisen auf Abbildungen hin.

Abdomen 17
Ableger 15
Absperrgitter 15, 100, 118, 119
Ammenbienen 31, 81, 113
Arbeiterin *26*, 27, 28, *29*, *30*, *35*, *108*

Begattung 76, 77, 101
Begattungsvölkchen 101, 104
Beobachtungsbienenstock 15
Bestatterbienen 28, 58
Bien 19
Bienenschwarm *63*, 64, 72, *73*,
Bienentanz 42
Blütenstaub siehe Pollen
Brutpflege 82
Brutraum 12, 15, 51
Brutwabe 116

Corbiculae 108

Diploid 51
Drohn 19, 37, 38, *39*, 52, 53, *77*, 109
Drohnengarten 100, 101
Drohnensammelplatz 38
Duftsignale 17, 34

Eiablage 81
Eier 10, 12, 19, 34, 51ff., 81ff., 117
Eierstöcke 81
Endophallus 77
Ersatzkönigin 11

Färbung 109, *110*, *111*, 119
Fortpflanzungszeit 37

Gelée royale 53, 82, 100
Gelée royale 53, 82
Geruchssinn 42
Geschlechtsapparat 39
Giftdrüsen 58

Haploid 51
Hitzetod 90
Hochzeitsflug 76, 77, 82, 86, 101
Honig *22*, 24, 44, 45
Honigblase 43
Honigmagen 62
Honigproduktion 95, 99
Honigraum 15, 21, 119
Honigwabe 44, 116

Kommunikation 21
Königin 19, 32, *33ff.*, 52, 53, 55, *57*, *58*, *61*, *68*, 108ff.
– markieren 97
– züchten 99ff.
– zusetzen 94, 95
Königinnensubstanz 82, 83, 84

Larven 50, *51*

Mandibeldrüsensekret 82
Metamorphose 51
Mutterköniginnen 89, 112

Nachschaffungszellen 11
Nachschwarm *66*, 67, 69, 71
Nahrungssuche 41
Nassanoff-Drüse 17
Nassanoff-Pheromon 17
Nektarreifung 43, 44
Nektarüberfluss 24

Ovarien 33

Pflegevolk 100
Pheromon 16, 17, 34, 57, 77, 82, 86
Pollen 46, *47*, *48*, 82
Pollenhöschen *26*, *46*
Pollenkörbchen 46, 108
Proboscis 43, *44*
Propolis 99

Quaken 68, 69

Rektaldrüse 59

Sammelbienen 17, 31, *40*, 41ff., 75, 82
Schwänzeltanz 62
Schwarm 55
Schwarmbildung 56
Schwarmverhalten 12, 14, 55, 60, 61, 84, 95, 99
Schwarmzeit 68, 81
Schwarmzellen 11, 12
Spurbienen 62
Startervolk 99, 100
Stifteln *116*
Strategien, um die Königin zu finden 119ff.
Suchbilder 32
Superorganismus 19, 27

Tanzsprache 42
Temperaturregelung 39
Tochterköniginnen 89, 112
Trachtquelle 42
Tüten 68

Umweiseln 86, 89, 94

Veredelung 99
Verständigung 17

Wabe *22*, 23, 24
Wabenhonig *45*
Wachs 44, 82
Wachsplättchen 23, *23*
Wächterbienen 39, 118, 120
Weiselnäpfe 56
weiselrichtig 99
Weiselzelle 12, 14, *56*, *57*, 70, 71, 84ff., *87*, *88*, 89, 99, *100*

Zitronengrasöl 17